JN292851

Rocket Fighter
有人ロケット戦闘機
秋水
Shusui

海軍第312航空隊秋水隊写真史
A Photo History of the IJN's 312th Kokutai

柴田一哉 [著]
Kazuya Shibata

大日本絵画 *dainippon kaiga*

海軍局地戦闘機『秋水』実機解説

イラスト：鈴木邦宏、浦野雄一（ファインモールド）
塗装図：青井邦夫
解説：浦野雄一（ファインモールド）
写真提供：ファインモールド、柴田一哉、廣田厚司
協力：三菱重工業株式会社
　　　名古屋航空宇宙システム製作所　小牧南工場史料室

秋水はロケットエンジンによる推進力で高度1万mまで3分から3分30秒で上昇する当時としては驚異的な上昇力により、高々度を飛行する敵重爆撃機の迎撃を目的とした無尾翼機型戦闘機である。特異な形態ながら戦闘機として高い運動性能を秘めていた。

「ロケット」の名の通り本機のエンジンは薬液の燃焼による反動力により機体を推進させるもので、装置がコンパクトで軽量ながら多大な推力を得られた。しかしながら薬液の製造コストは高価で、またその消費も大きく、限られた薬液では滞空時間も短かいなどの限界も抱えていた。実際本機は翼幅9.5m、全長5.85mのコンパクトな機体ながら自重1,505kgに対して全備重量が3,885kgから3,900kg、その全備重量の約半分をロケット用の薬液が占めていた。それだけ搭載しても全力で1万mまで上昇後、速度600km/hでは3分間、速度900km/hでは1分15秒間の航続力でしかない。薬液を使い果たした後は滑空して着陸した。着陸には橇を使用するために整備された飛行場が必要であった。このため機体の運用は航続力の限界により制限されたものになったと思われる。

2　秋水　*Rocket Fighter Shusui*

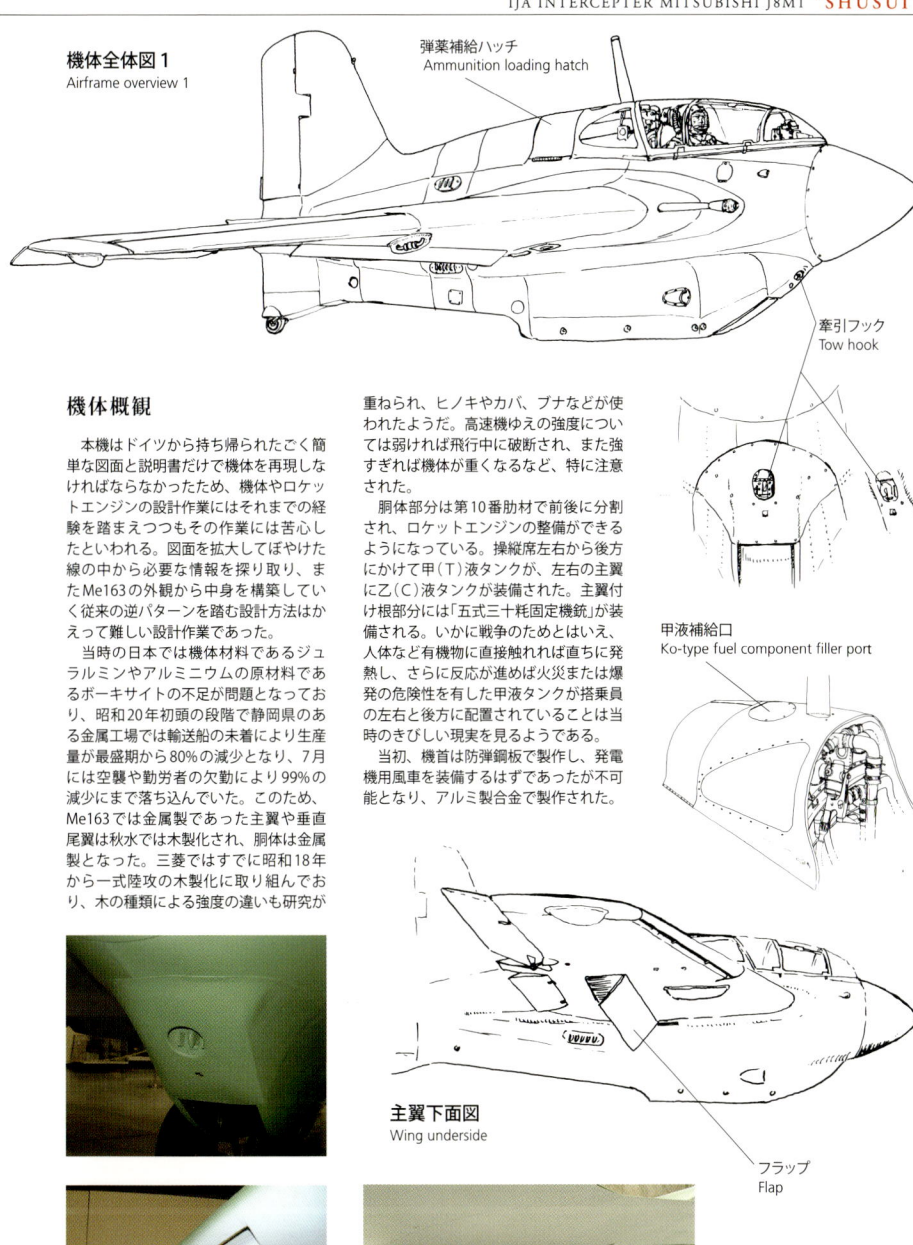

IJA INTERCEPTER MITSUBISHI J8M1 "SHUSUI"

機体全体図 1
Airframe overview 1

弾薬補給ハッチ
Ammunition loading hatch

牽引フック
Tow hook

甲液補給口
Ko-type fuel component filler port

主翼下面図
Wing underside

フラップ
Flap

機体概観

本機はドイツから持ち帰られたごく簡単な図面と説明書だけで機体を再現しなければならなかったため、機体やロケットエンジンの設計作業にはそれまでの経験を踏まえつつもその作業には苦心したといわれる。図面を拡大してぼやけた線の中から必要な情報を探り取り、またMe163の外観から中身を構築していく従来の逆パターンを踏む設計方法はかえって難しい設計作業であった。

当時の日本では機体材料であるジュラルミンやアルミニウムの原材料であるボーキサイトの不足が問題となっており、昭和20年初頭の段階で静岡県のある金属工場では輸送船の未着により生産量が最盛期から80%の減少となり、7月には空襲や勤労者の欠勤により99%の減少にまで落ち込んでいた。このため、Me163では金属製であった主翼や垂直尾翼は秋水では木製化され、胴体は金属製となった。三菱ではすでに昭和18年から一式陸攻の木製化に取り組んでおり、木の種類による強度の違いも研究が重ねられ、ヒノキやカバ、ブナなどが使われたようだ。高速機ゆえの強度については弱ければ飛行中に破断され、また強すぎれば機体が重くなるなど、特に注意された。

胴体部分は第10番肋材で前後に分割され、ロケットエンジンの整備ができるようになっている。操縦席左右から後方にかけて甲（T）液タンクが、左右の主翼に乙（C）液タンクが装備された。主翼付け根部分には「五式三十粍固定機銃」が装備される。いかに戦争のためとはいえ、人体など有機物に直接触れれば直ちに発熱し、さらに反応が進めば火災または爆発の危険性を有した甲液タンクが搭乗員の左右と後方に配置されていることは当時のきびしい現実を見るようである。

当初、機首は防弾鋼板で製作し、発電機用風車を装備するはずであったが不可能となり、アルミ製合金で製作された。

3

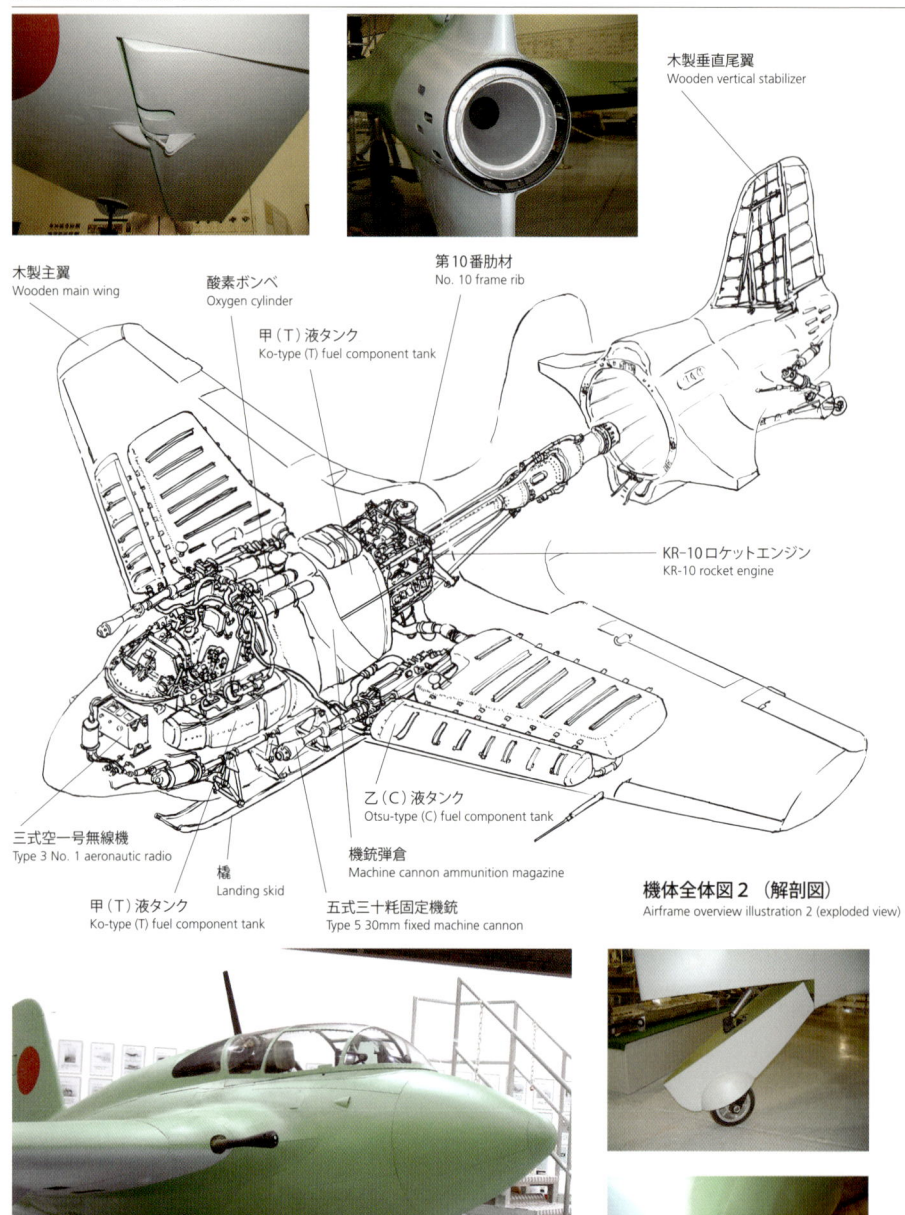

海軍局地戦闘機『秋水』実機解説

木製垂直尾翼
Wooden vertical stabilizer

木製主翼
Wooden main wing

酸素ボンベ
Oxygen cylinder

第10番肋材
No. 10 frame rib

甲（T）液タンク
Ko-type (T) fuel component tank

KR-10ロケットエンジン
KR-10 rocket engine

三式空一号無線機
Type 3 No. 1 aeronautic radio

橇
Landing skid

乙（C）液タンク
Otsu-type (C) fuel component tank

甲（T）液タンク
Ko-type (T) fuel component tank

機銃弾倉
Machine cannon ammunition magazine

五式三十粍固定機銃
Type 5 30mm fixed machine cannon

機体全体図2　（解剖図）
Airframe overview illustration 2 (exploded view)

4 | 秋水 *Rocket Fighter Shusui*

IJA INTERCEPTER MITSUBISHI J8M1 "SHUSUI"

操縦席前方防弾ガラスの前に四式射爆照準器、計器等が置かれ、座席後方にはヘッドレストが装着された防弾板が配置されていた(防弾ガラスは零戦五二型等の座席後部の防弾ガラスが流用されたといわれる)。操縦席左右の甲液タンクはアルミ製。着陸時は200km/hもの失速速度で着陸するが、座席自体には衝撃を吸収するサスペンション等は用意されていないようだ。橇での着地は困難を極め衝撃でパイロットは背骨を折ることなどが懸念されていた。

操縦席概観図 1
Cockpit overview 1

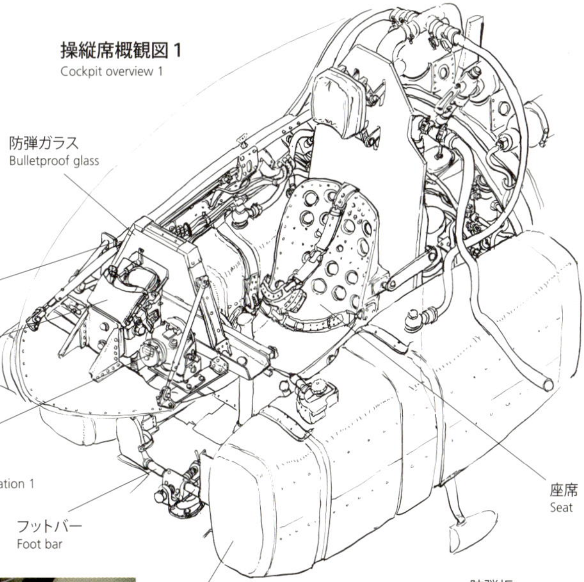

防弾ガラス
Bulletproof glass

前後傾斜計二型
Pitch indicator, Model 2

四式射爆照準器
Type 4 gunsight

零式航空羅針儀一型改一
Type 0 aeronautic compass, Model 1, Modification 1

フットバー
Foot bar

甲(T)液タンク
Ko-type (T) fuel component tank

座席
Seat

防弾板
Armor plate

ヘッドレスト
Headrest

ヘッドレスト調整ハンドル
Headrest adjustment handle

座席昇降ハンドル
Seat height adjustment handle

ヘッドレストはゴムのテンションにより保持され、ハンドルにより位置を前方方向に調整できた。このゴムバンドにより着陸時の頭部への衝撃は多少とも吸収されたと思われる。また座席の高さは座席前部のハンドルを引くことで上下し固定できた。

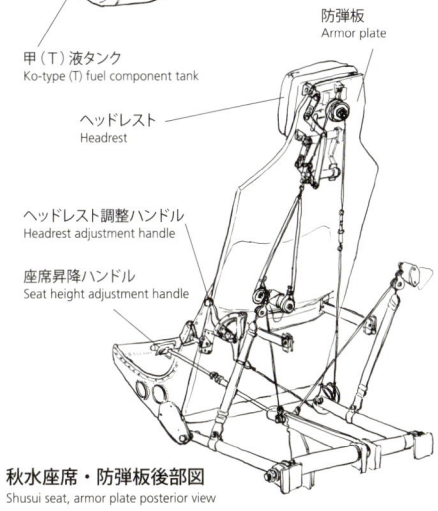

秋水座席・防弾板後部図
Shusui seat, armor plate posterior view

海軍局地戦闘機『秋水』実機解説

操縦席左側には甲液タンクの上に配置されたスロットルレバーをはじめとして様々な操縦装置が配置されており、当時の海軍機に共通の装備品も見られる。また大型のキャノピーを開けた時に支えとなる支持棒、緊急時に使われるキャノピー開放レバーも装備していた。

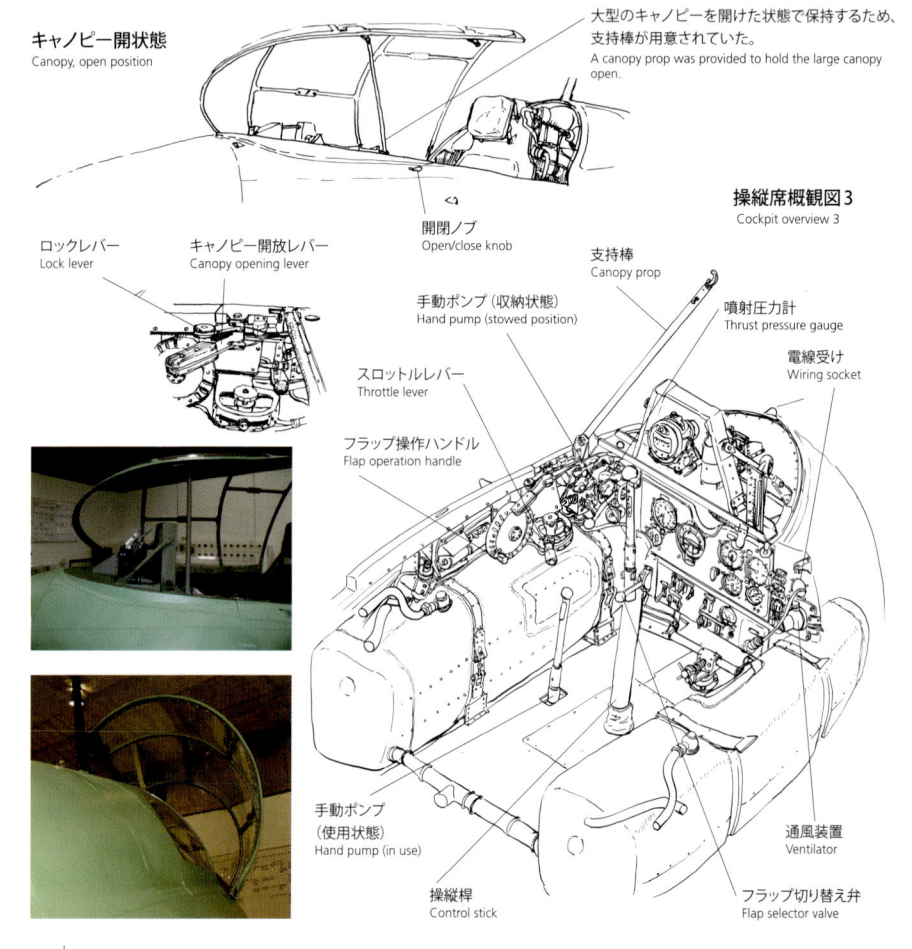

キャノピー開状態
Canopy, open position

大型のキャノピーを開けた状態で保持するため、支持棒が用意されていた。
A canopy prop was provided to hold the large canopy open.

操縦席概観図3
Cockpit overview 3

ロックレバー
Lock lever

キャノピー開放レバー
Canopy opening lever

開閉ノブ
Open/close knob

支持棒
Canopy prop

噴射圧力計
Thrust pressure gauge

電線受け
Wiring socket

手動ポンプ（収納状態）
Hand pump (stowed position)

スロットルレバー
Throttle lever

フラップ操作ハンドル
Flap operation handle

手動ポンプ（使用状態）
Hand pump (in use)

操縦桿
Control stick

通風装置
Ventilator

フラップ切り替え弁
Flap selector valve

秋水 *Rocket Fighter Shusui*

IJA INTERCEPTER MITSUBISHI J8M1 "SHUSUI"

五式三十粍固定機銃
Type 5 30mm fixed machine cannon

弾薬補給ハッチ
Ammunition loading hatch

五式三十粍固定機銃
Type 5 30mm fixed machine cannon

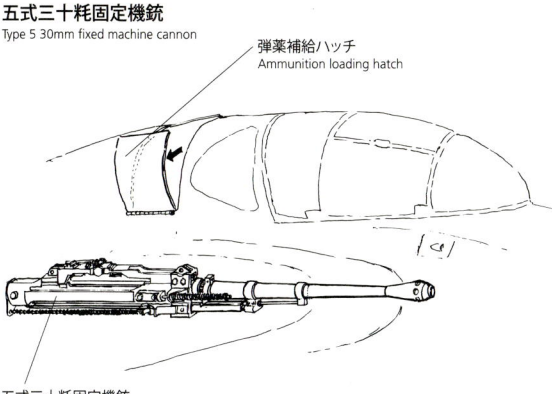

戦争中期以降、敵戦闘機や爆撃機の防御力が増し、従来の20粍機関砲の限界が感じられた。五式三十粍固定機銃は『十七試三〇粍固定機銃』として開発され、海軍空技廠射撃部の主導のもと、設計は日本特殊鋼で行なわれた。給弾機構に少々無理があったが、早期の戦力化が図られて昭和20年5月には制式採用された。試験未了のまま採用前の昭和19年7月には豊川海軍工廠他で量産に入り、終戦までに2000挺以上が用意された。機銃の威力は、陸軍のホ155と比べて本銃のほうがやや勝り、特に初速と弾量が優位であったと評価されている。

なお豊川海軍工廠は昭和20年8月7日にB-29により爆撃され、工場施設や工員や勤務していた挺身隊員など大きな被害を受け、機能を停止している。この三〇粍固定機銃は雷電や彩雲夜戦、極光などにも装備された。

秋水では主翼の付け根部分に左右で各1挺を装備し、弾薬を左右各50発装備した。また弾薬の補給は背部の補給ハッチを開閉して行なわれた。この機銃の装備のために胴体と主翼との間は原形となったMe163に比べて100mmずつ伸ばされたという。

試製秋水（初飛行時）
犬塚豊彦大尉試乗機
昭和20年7月7日　追浜飛行場
Experimental Shusui
(at the time of its first flight)
The test aircraft piloted by
Lieutenant Toyohiko Inuzuka.
July 7th, 1945.
Oppama Airfield.

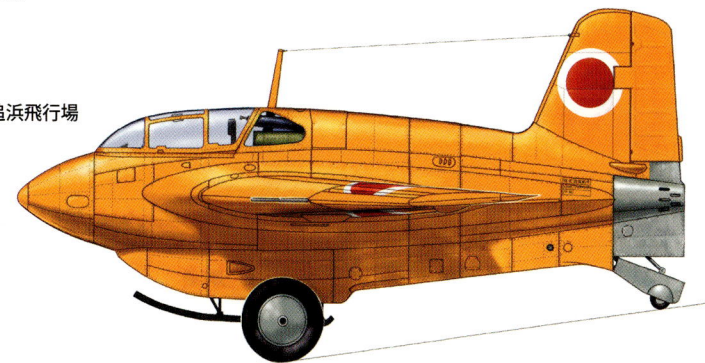

秋水（機銃装備）
Shusui (equipped with machine cannons)

7

海軍局地戦闘機『秋水』実機解説

1：1964年7月、米国オンタリオ市の私設航空博物館「エアー・ミュージアム」で撮影された秋水。すでに主翼および尾翼に修復の跡が見られる。この写真では撮影者である廣田厚司氏に当時の撮影状況を確認し、コンピュータによって修正した結果、胴体にはオリジナルと思われる「オレンジイエロー」が現れている。

2,3：写真1を撮影してから2年後の1966年に撮影された同じ秋水。レストアの進み具合と修復箇所がよく確認できる。接収された秋水を研究する上で、この時代（1960年代）にカラーポジで撮影されたことの意味は大きい。

Rocket Fighter Shusui

目次 Contents

- **2** 海軍局地戦闘機『秋水』実機解説
  - 10 故犬塚豊彦命五十年祭
  - 12 機密兵器ヲ輸送セヨ

- **20** 有人ロケット秋水と伊29潜
  - 24 奇妙な電文「えむいーひゃくろくじゅうさんにあつ」
  - 26 初代隊長小野二郎大尉
  - 33 肉体の限界へ
  - 36 百里空へ
  - 40 犬塚豊彦大尉着任
  - 44 同期の桜
  - 48 秋水隊
  - 52 秋水滑空機

- **54** 図面なき機体設計
  - 60 三一二空開隊
  - 64 秋水隊整備分隊
  - 65 空技廠秘密ロケット実験場

- **66** 未知の領域へ ―特呂二號ロケットエンジン―
  - 72 運命の試飛行 昭和二十年七月七日
  - 76 遺された「試飛行」写真
  - 80 再現 秋水試飛行
  - 82 事故調査委員会
  - 83 犬塚豊彦少佐海軍葬
  - 84 終戦 秋水計画の終焉

- **88** 海軍第三一二航空隊「秋水隊」小史
  - 98 終戦とともに
  - 101 秋水戦搭乗員会
  - 103 秋水会に集いて
  - 105 秋水アメリカへ

- **108** 米国へ接収された秋水

故犬塚豊彦命五十年祭
50th Anniversary Observance of Toyohiko Inuzuka's death

平成六年、東京原宿にある東郷神社において「秋水試飛行」で殉職した犬塚豊彦少佐の慰霊祭が元隊員と遺族によって執り行なわれた。
施主である犬塚少佐の兄、尚比古氏と六名の親族が出席、部隊からは山下政雄副長兼飛行長以下五名、さらに「秋水訓練要員」だったという甲飛十四期生三名も参加した。
この年よりテストパイロットだった隊員たちの会『秋水戦搭乗員会』を秋水に関わった人々の会へと拡大させ通称「秋水会」とした。あわせて会報『秋水』を発刊。
毎年犬塚少佐の命日に合わせ、七月の上旬に『秋水会』を催すこととなった。

1：前列中央故犬塚豊彦少佐の遺影をもつ兄、尚比古氏、右へ三一二空副長兼飛行長山下政雄氏（海兵60期）、小菅藤二郎氏（予学13期）。二列目右より、高田幸雄氏（予学13期）、松本俊三郎氏（予学13期）、三一二空軍医長遠藤始氏、鈴木晴利氏（予学13期）。三列目右より、藤城浩三氏（甲飛14期）、山田保氏（甲飛14期）。

2：冊子『秋水』にはそれぞれの思い出や秋水にまつわる記事が掲載されている。幹事会で構成を決めた後、高田幸雄氏が一人で得意のパーソナルコンピュータを駆使し割り付け、印刷、製本までこなす。『秋水会』当日の参加者、都合で欠席した関係者にも配られている。

3：終戦とともに散り散りになった副長、隊員が数十年を経て殉職者の慰霊祭を執り行なう。それほどに、彼らの絆は深い。「軍隊時代が楽しかったというのは変ですが、良い仲間に出会えました。皆に支えられたおかげで何とかやってこれて本当に感謝しています」と小菅藤二郎氏は秋水隊時代を回想している。

1 : Holding a picture of deceased Lieutenant Commander Toyohiko Inuzuka is his older brother, Naohiko. To the right are the 312th Naval Air Group's First Officer, Flight Chief Masao Yamashita, and Tojiro Kosuge. In the second row from the right are Sachio Takada, Shunzaburo Matsumoto, the 312th Naval Air Group's Chief Air Physician Hajime Endo, and Harutoshi Suzuki. In the third row from the right are Kozo Fujiki and Tamotsu Yamada.

2 : The scrapbook "Shusui" is a collection of Shusui-related remembrances and articles.

3 : 50 years after being scattered by the war's end, the First Officer and group members perform a memorial service for those who gave their lives in the line of duty. Reflecting on the past, Tojiro Kosuge comments: "To say the time in the military was enjoyable might sound strange, but I was able to make some good friends."

祭詞

梅雨空ニ翠ニ陰彌濃キ東郷神社ノ神殿ノ傍ニ聳立ツ此ノ和楽殿ノ眞保良ヲ今日ノ斎場ト祓浄メテ神籬高ク招奉リ斎奉ル海軍少佐犬塚豊彦命ノ御霊ノ御前ニ東郷神社宮司慎ミ敬ヒモ白サク哀レ汝命ガ昭和二十年七月八日新鋭ロケット機秋水ノ試飛行ニ壮烈ナル殉職ヲ遂給ヒシヨリ五十年ガ廻リ来レバ式ノ隋ニ慰霊祭仕奉クト関係ニ諸人御前ニ参集ヒ種種ノ味物捧供ヘテ汝命ノ在リ日ノ事供偲奉レバ汝命ハ大正十一年尚武ノ誉高キ佐賀県ニ生出テ東亜ノ空ノ雲漸ク暗カリシ十三年師走志ヲ立テ海軍兵学校ニ入リ同十六年霜月卒業ト共ニ連合艦隊戦艦ニ配乗轤テ海軍航空ニ進ミ国ノ守ニ就給ヒシガ二十年七月ヨリ我国運ヲ挽回スル鍵ト期待サレシ画期的ナルロケット戦闘機秋水ノテストパイロットニ選バレ回天ノ意気ニ燃エテ怜ミ励ミシガ惜ムベシ七月八日事故ニ依リニ二十三歳ノ若キ生命ヲ散ラシ給ヒヌ然レ共戦後ノ目醒シキ復興ノ汝命等ノ英魂ガ尚我国ヲ守リ援ケ遺シ給ヒシ技術ガ之ヲ支ヘタル賜ニ他ニナラズ其ノ御徳ヲ讃奉リ謝ビ奉リツツ露ノ玉串執執ニ拝奉ル状ヲ平ケク安ケク聞食テ我国ノ将来ハ白サクモ更ナリ犬塚家ノ上ヲ彌遠永ニ守リ幸ヘ給ヘト恐ミ恐ミモ白ス

犬塚豊彦大人命50年祭

平成6年7月3日（日）　　於　和樂殿

次第

先・一同着席
次・開会のことば
次・修祓の儀
次・降神の儀
次・献饌の儀　　　この間奏楽
次・祭詞奏上
次・玉串拝礼
　　1・斎主
　　2・親族、親戚　　この間奏楽
　　3・参列者玉串拝礼
次・撤饌の儀　　　この間奏楽
次・昇神の儀
次・斎主以下祭員退下
次・閉式のことば

「有人ロケット秋水と伊29潜」

伊29潜に「Me163B」は積み込まれたのか

　有人ロケット秋水は終戦時には依然試作機であり、その資料は空技廠、航空本部、メーカーの三菱に分散し体系的に纏められてはいなかった。また終戦の混乱による焼却と散逸、さらに米軍による接収のため現在ではその正確な体系を復元することは不可能である。戦後七年をへて、1952年に「航空機研究開発禁止令」が解かれ、ようやく当時の関係者より数少ない資料と記憶による記録が残されたが、国家プロジェクトであった秋水の全貌をかたるには心許ない。ここでは秋水の原型機Me163Bの輸入と国産機開発決定までの流れを入手し得た各方面の資料から追ってみたい。

　昭和十九年七月十九日、ようやくドイツよりMe262、Me163Bのわずかな資料を持ちかえることに成功した巌谷英一海軍技術中佐を交え、和田操海軍空技廠長主催による陸海軍合同のジェット、ロケット機開発会議が催された。Me262ジェット機の国産化については陸海軍が別々にあたることが決まり、かたやMe163Bは完全な再設計を求める陸軍を海軍側が可能な限り早急に国産化をすすめるよう説得し、エンジンは陸軍、機体は海軍という史上初の「陸海軍共同開発」が決定された。

　八月七日に空技廠で行なわれた研究会ではMe163Bの国産機ライセンス生産に予定されたメーカーの三菱に対して巌谷資料の元、機体については十月半ばまでに出図、十二月末までに二機完成との要請が出された。驚きをかくせない三菱側は、資料の少ないこと、未経験の無尾翼機であること、新型機の試作を行なう社内的余裕がないことなどを挙げ辞退し空技廠での試作を求めた。すでに六月にはB-29による本土初空襲があり、既存機ではこの超重爆の撃墜が非常に困難であると認識していた軍側は、戦況のひっ迫を説き、三菱が資料不足としている「胴体及び翼の線図」は「空技廠科学部にて風洞実験で決定し、八月二十五日までに伝える」との条件をだして受注させた。後に『秋水』とよばれる有人ロケット、海軍名「J8M1」、陸軍名「キ200」の開発はこうして決定された。なお、「J8」は陸上攻撃機として8番目、「M1」は三菱製として1番目のことである。設計、試作の実務を担当する三菱ではエンジンを三菱重工名古屋発動機研究所（名発）、機体は三菱重工名古屋航空機製作所（名航）が担当し過酷な要求に応えるべく新たな設計陣を編成した。

　八月十日、名古屋航空機製作所に所属する八名の技師技手が午後一時、技術部長室に呼ばれた。大机の前には服部研究所副所長、河野技術部長、高橋巳二郎第一設計課長がすでに待っており、河野技術部長より陸海軍が新

型ロケット戦闘機の共同開発を決定し、機体は名航、エンジンを名発が設計製作することとなった旨が告げられた。詳細は高橋課長から説明があるとして河野技術部長は軍側の日程要求をこなし、また機密保持のため新たに第六設計課を編成することを告げた。さらに以下の処遇が告げられた。

①第六設計課を新設、高橋技師を課長に任命する
②課の編成は高橋技師と相談し課内で決定する
③八月中に新たな設計室を設ける
④新設計室は二階を設計室、階下を現図場とする
⑤日程遵守のため泊まり込み作業を行い、九時までの残業を強行する
⑥仮眠室と寝具を用意する
⑦健康保持のため、栄養剤とビタミン剤を支給する
⑧深夜作業時は、栄養食を一部追加する

高橋技師からは強固な軍の要求と、設計受諾までの過程説明に続いて、手に持ってみせながらA4サイズ二十頁程の資料の説明があった。「ロケットエンジンの原理と取扱い説明」「燃料の組成と取扱い説明」「組立図的三面図」「使用材料の説明」「翼の基本断面図」「耐燃料材料」以上が資料のすべてであった。設計図と呼べるようなものは一枚もなく、まさにカタログ程度の資料を元に四ヶ月で完成機を製作せよ、とは過酷な要求である。

巌谷中佐が帰国した七月十九日から三菱が「J8M1」製作を決断する八月七日までの間におこった出来事が、この過酷な軍の要求の原因になるのだが、現在までに遺された資料だけではそれを解明するには至らない。話は少しそれるが、現在入手している資料から導き出されるある可能性については、極力想像や希望を排しながらも言及しておきたい。

「秋水」の来歴を記したものには「巌谷中佐は潜水艦よりあわてて輸送機に乗り込み、手に持てるだけの資料のみ機内に持ち込んだ。Me163Bに関する大半の資料はその後、潜水艦とともに沈んだ」と、多少のニュアンスの違いはあるが、こう読めるものが近年多くなっている。しかし巌谷中佐が戦後「機密兵器の全貌（原書房）」のなかで紹介している自身の日記には以下のように書かれている。

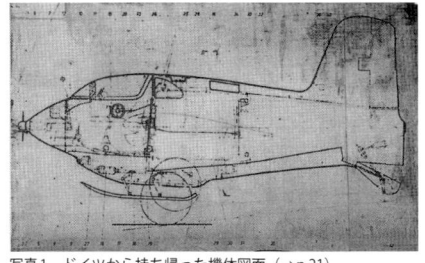

写真1　ドイツから持ち帰った機体図面（→p.21）

写真2　Me163の関連資料を要求した阿部海軍武官（左）（→p.20）

『阿部海軍武官がドイツ航空省ミルヒ長官に要求したのはMe163型及びMe262型戦闘機とその噴射機関の製造に必要な一切の資料と完備図面各二組だった。しかしドイツ側の当時の実情は両機種とも増加試作の段階にあり、外国に出せるほど図面が完備していなかったので「皐月」と「松（伊29潜）」の出発期日までに引き渡し得るものは両機種とも機関と機体の設計説明書だけで、その代わり実物調査

の便宜は充分与えるし、説明は納得行くまでするというドイツ航空省担当官の挨拶だった』

『吉川（註1）とライプチカー街（RLM所在地）に急ぐ。いつもの連絡室へ行く。シュヴェンケ技術大佐、ダマスコ技師等に迎えられる。ダマスコ技師から机の上の数冊の資料を手渡される。貪るように頁を繰って見る。異型のMe163型に度胆を抜かれる』

『午後四時二十分、同行の人々はそろそろ自動車に乗り込んでいた。これを見送る残留者も玄関に出ていた。そこにダマスコ技師が航空省の車で蒼惶として現れた。私達はロビーに走り込んで忙しく書類の受け渡しを済ませた。前に吉川中佐が携行したものと内容は変わっていなかった。意味深長なデュプリケート（複写）である。当時の航空省の力をもってしてもわずか数冊のこれら書類の調整に二週間あまりも費やしたところを見ると、設計図の整理等は思いもよらぬ状態にあったと想像できた』

七月十四日に苦難の末、シンガポールに到着した後の巌谷中佐の日記は以下のように書かれている。

『次に私の任務は一刻を争って東京へ噴射機関の資料を届けることだったが、内地向けの航空便は七月十七日まで空席がなかった』

巌谷中佐は慌てておらず、むしろ待たされて、やっと輸送機に乗り込んでいる。さらにドイツで渡された貴重な資料は数冊であることから、当然手荷物として機内に持ちこんだと考えるほうが自然である。巌谷中佐はドイツで渡された資料をすべて持ち帰ったのではないだろうか。七月十九日に帰国した巌谷中佐は航空本部へ帰国の挨拶に行き、総務部の伊藤祐満大佐に「Me163型を持って来たか」と問われ「ここに持って来ました」と紙包みを机上に置いた。伊藤大佐の「優秀！」との言葉にそれまでの苦労が報われる思いがしたという。この巌谷中佐の記述からも、資料を置いて来てしまったと後悔する気持ちは伝わってこない。

その場から空技廠の会議に出席した巌谷中佐が帰宅したのは三日後、二十二日。一週間後の二十九日、名古屋発動機研究所の持田勇吉技師は稲生所長より「爆撃機用ディーゼルエンジンの設計を即刻中止し、すみやかにロケットエンジンの設計に取りかかり四ヶ月で完成すること」との命を受けている。この七日間に軍は稲生所長を呼びロケットエンジン製作を発注させ、期限まで切っている。軍には無謀なこの期限が可能である別の根拠があったのだろうか。この七日間に起きたこと、そしてまだ軍もその情報を確認しておらず、もちろん確認したとしても、民間メーカーに伝えるわけのない事件が、この製作要求をして戦争末期の非情ともいえる軍の過酷な要求に変えてしまった可能性はないのだろうか。

巌谷中佐上陸後、七月末の帰国を目指して「伊29潜」はシンガポールを出港し、北上を続けていた。二十六日午後四時四十五分、「伊29潜」を追尾していた米国潜水艦ソーフィッシュは台湾とフィリピンの間、バシー海峡で浮上航行している同潜を発見、四本の魚雷を発射し、

写真3　訪独を果たした伊29潜　（→p.17）

註1　吉川春夫技術中佐はこの後、先発の「皐月（呂501-ドイツより譲渡された元U1224）」にこの資料を持ち乗船するも「皐月」は大西洋上で撃沈される。

内三本が命中、「伊29潜」は撃沈された。一名の生存者を除き全員が戦死し、ドイツからの積み荷もすべてが海底深く沈んだ。軍がこの事実を確認し、次の行動に出るのは奇しくも官民合同研究会当日の八月七日。同日東京の海軍省軍務局からベルリンの海軍武官室に「伊29潜」沈没の知らせとともに後続の「伊52潜」に「伊29潜」と同様の物資を積み込むよう要請する暗号電が発信されている。『本当に残念なことだが、現在までの事情に照らしても、もはや「松(伊29潜)」の無事は望めない。駐独武官の努力とドイツの協力によって、我が国の戦争遂行能力を強める多くの物資受け取ったにも関わらず、不幸にも艦を失い利用できなくなった。帝国陸海軍全体に多大な影響が及ぶだろう。我々は現在あらゆる善後策を検討している。伊29が積んでいた物資を再び「銀松(伊52潜)」にのせるよう調整してほしい』(「消えた潜水艦イ52」NHK出版より)シンガポールまで無事到着し、日本はもう目の前であったのに、という無念さがにじみ出ている文面である。平成十五年、秋水の映像資料作成のため元三一二空海軍大尉廣瀬行二氏に当時の様子をインタビューした。廣瀬氏は「呂號委員」として空技廠にも籍があった。質問が巖谷資料と「伊29潜」におよんだ時、「機体を積んでいたはずです」と廣瀬氏から意外な言葉がもれた。最後に日本へ向かったドイツ潜水艦U234にはロケットエンジンを積んでいたことが脳裏をよぎった。「Me163Bの機体を積んでいたのですか? それは、どの潜水艦ですか?」「松便です。あの潜水艦が還ってこないから皆困ったと言っていました」「それを、いつどなたから。きいたのですか?」「私が現役の時。空技廠では皆言っていました」廣瀬氏の記憶が混乱しているようには思えなかった。乙型の「伊29潜」には零式小型水上偵察機用格納筒が装備されている。サイズはMe163Bのほうが少し小さく、代わりに積み込めない大きさではない。「伊29潜」がロリアンに到着したのが昭和十九年三月十一日、大量の軍事物資を積み、出港したのが四月十六日。Me163Bの実戦配備が五月一日であることから、完成機体と一応の完成状態にあるロケットエンジンを引き渡せる時期でもある。巖谷中佐から報告を受けた軍側が「設計図はなくとも巖谷資料と実物見本があれば、Me163Bを四ヶ月で復元して国産化できる」と考えても無理はない。つまり、この異常な短期間での完成を求める軍側の要求には民間メーカーには軍機として伝えられないが、「実物見本がくる」後には「来れば」という背景があったのではないだろうか。残念ながら廣瀬氏以外には巖谷氏を含む空技廠関係者のうち誰一人として戦後、この点について言及していない。しかし、傍証とはいえ廣瀬氏の発言にはその可能性があると考えられる。

さらに、この資料作成中、元三菱重工名古屋航空機製作所「秋水油圧担当」であった中村武氏の当時の資料が三菱重工より提供された。この資料は中村氏が公式提出書類・図面の下書き及びメモとして保管していたもので、かろうじて終戦時の消却処分を免れたものである。十九年八月十日付資料には「該機は始め製造図面及実物二台取り寄せる予定であったが最近帰朝せる巖谷中佐がわづかに説明書を携行し得たに過ぎない」と記されている。この記述により少なくとも機体を輸送しようとしていたことだけは確認できた。

救国の決戦兵器と期待された「秋水」の原型機Me163Bがロリアンで「伊29潜」に積み込まれた可能性は否定できない。そして「伊29潜」が帰国を目前にバシー海峡で米潜水艦に撃沈されたため、ひょっとしたらMe163Bは今でも「伊29潜」とともに海底深く沈んでいるのかも知れない。　■

機密兵器ヲ輸送セヨ
Transporting a Secret Weapon

太平洋戦争は航空機による戦略が戦争の行方さえも左右する、
新しい戦争の時代へ入ったことを世界に知らしめた。
真珠湾攻撃とマレー沖海戦で空母機動部隊による航空攻撃の威力を見せつけた日本であったが、
皮肉にも戦争末期には米国の戦略爆撃機B-29により国土の大半を焼きつくされた。
日本海軍はB-29が日本本土を襲撃する以前、昭和十八年には開発、
量産状況についての情報を入手していたが、高度1万mを570h/㎞で飛ぶB-29を邀撃する
ための高高度用過給器やジェットエンジンの開発は研究の域をでていなかった。
高射砲も高度7000m以上では命中弾はもちろん、
飛行コースに砲弾を到達させることすら困難であった。
「このままではB-29の本土空襲を阻む手立てはない」、
搭乗員の技量で凌いでいくにはあまりに不利な戦局が迫っていた。
焦燥がつのる中、盟友ドイツの日本海軍武官室よりこの戦局を打開する吉報がもたらされた。
すでにドイツではジェット機、ロケット機の開発が終了し、いよいよ実戦配備が近く、
特にロケット機は高度1万mまでわずか、三分三十秒に到達するという。
なんとしても新兵器設計資料を入手し国内生産をするために陸路、海上交通路をともに
閉ざされたヨーロッパまで、深海を隠密裏に行く訪独潜水艦作戦が決行された。

4

5

4：世界で始めて実戦投入されたジェット戦闘機Me262。最初の生産型Me262A-1aにはジェットエンジン、ユンカースJumo004B-1が搭載され最大速度は800km/hを超えた。

5：世界初のロケット戦闘機Me163B。ロケットエンジンHWK-109-509が搭載され、900h/㎞という驚異的な速度で飛行した。

6：木梨鷹一艦長のもと訪独四番潜水艦となった伊29潜。木梨艦長は兵学校51期、伊19潜艦長時には米空母『ワスプ』撃沈を果たした。一等潜水艦乙型の伊29潜には水上偵察機用格納筒が装備されていた。

16 | 秋水 *Rocket Fighter Shusui*

7：射出される零式小型水上偵察機。訪独時の伊29潜に零式小型水偵が積み込まれていたかは不明。

8：昭和十九年三月十一日、伊29潜はドイツ占領下のフランス、ロリアン潜水艦基地に到着した。航海日数八十八日、航海距離は１万５千77マイルであった。ロリアンの潜水艦ドックに入らんとする伊29潜。岸壁で出迎えたドイツ側に対し艦上に整列し応礼する日本側乗員。

4 : The first jet-powered fighter to see actual combat, the Me262.

5 : The world's first rocket-powered fighter, the Me163B. Equipped with an HWK-109-509 rocket engine, it could reach the amazing speed of 900 kilometers per hour.

9：アレキザンダー・リピッシュは天才機体設計者であったが、一匹狼的な性格が災いしドイツ航空省や機体製作メーカーとは意見が対立した。彼の「飛ぶためには翼以外は不要である」いう無尾翼機への思い入れは強固なものがあった。

10：ヘルムート・ワルターはキール港ゲルマニウム造船所のエンジニアであった。航跡を残さない魚雷の開発を手始めに、やがて航空機用ロケットエンジンへと発展させていく。

11, 12：ワルターのロケットエンジンHWK-R1型（HWKはヘルムート・ワルター・キールのこと）を搭載したリピッシュ設計のDFS194。DFSはドイツ滑空研究所の略。HWK-R1型は濃度80％の過酸化水素に安定剤としてオキシキノリンか硝酸塩を加えたT液と過マンガン酸カルシウム水溶液のZ液を燃料とし推力は400kgであった。1940年春、ハインリッヒ・ディトマールによってDFS194は初のロケット推進によるパワー発進に成功した。飛行テストでは既存機ではなし得ない上昇力と、水平飛行で550km/h到達などの成績をのこし、DFS194の後継機は性能に懐疑的だったドイツ航空界の注目の的となった。

13：リピッシュが航空省を離れメッサーシュミット社に移っていたためDFS194以降の計画機にはMe163の名称が与えられた。DFS194の改良型はMe163A、量産型迎撃機はMe163Bとされ、その開発には最優先権が与えられた。写真は実験機Me163A、ラジオコードKE-SW。

14

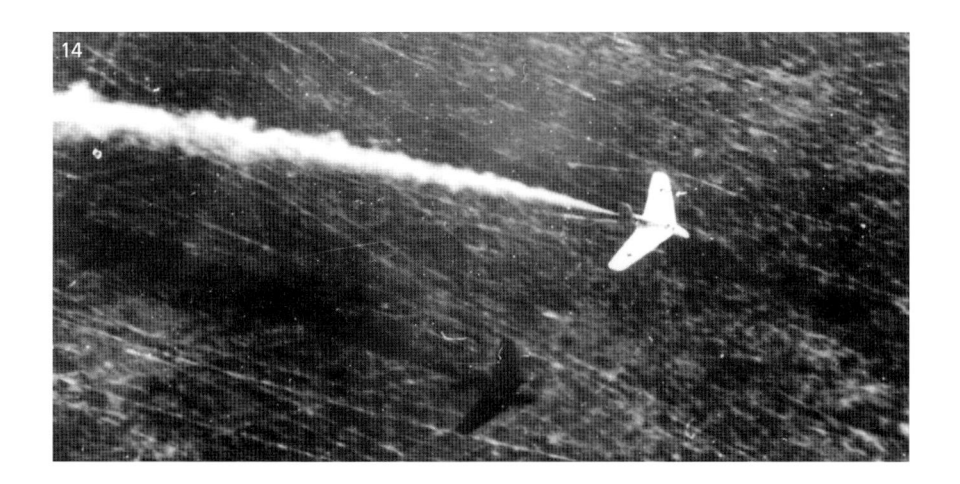

15

14：離陸上昇中のMe163AV1。1941年10月2日、ワルターの新型ロケットエンジンHWK-R2-203bを搭載したA型4号実験機Me163AV4に乗り込んだディトマールは短い航続時間を補うため高度3940mまで曳航され上昇した。曳航機から離脱後、ロケットエンジンを点火。時速1004.6kmつまりマッハ0.8まで加速したが、直後に機体は安定を失い急降下した。ディトマールは落ちついて減速し、無事着陸した。すでに、大戦中だったためこの飛行は極秘扱いとなったが、その業績については航空学研究リリエンタール賞が贈られた。

15：ワルターのロケットエンジン、HWK109-509型はマイナーチェンジが多く、また現在日本へ持ち帰った正確な図面が存在しないため輸入されたのがどのモデルなのかを決定することは困難である。あえてあげれば開発時期、各モデルの性能を総合的に判断して109-509.A-1型がもっとも近いように思われる。しかしドイツでの最新情報が暗号電により空技廠へ伝えられていることから、日本側の疑問点以外にマイナーチェンジについての情報も伝わっていたはずであり、「特呂二号」のプロトタイプを限定することは無理がある。

6 : Under the command of Capt. Takakazu Kinashi, the I-29 was the fourth submarine to visit Germany. While commanding the I-29, Capt. Kinashi was credited with sinking the American aircraft carrier Wasp.

7 : The Type 0 Submarine-launched Light Reconnaissance Seaplane (Yokosuka E14Y). It is unclear whether or not the I-29 was carrying this aircraft when it visited Germany.

8 : The I-29 arrived at Laurient submarine base in German-occupied France on March 11th, 1944. The Japanese crew gathered in formation on deck to greet the Germans assembled on the dock to receive them.

9 : Alexander Lippisch was a gifted aircraft designer, but his independent, headstrong nature brought him misfortune, as his opinions conflicted with those of the German Air Ministry and airframe makers.

10 : An engineer at Germaniawerft Shipyard in Kiel, Hellmuth Walter first worked on the development of a wakeless torpedo, and then expanded into rocket engine development for aircraft use.

11,12 : The Lippisch-designed DFS 194, equipped with Walter's HWK-R1 rocket engine (HWK=Hellmuth Walter Kiel).

13 : Leaving the Air Ministry, Lippisch moved to Messerschmitt, after which the DFS 194 program aircraft was designated "Me163." Here's the experimental Me163A, radio code KE-SW.

14 : On October 2nd, 1941, Dittmar achieved a speed of 1004.6 kilometers per hour, or Mach 0.8, at the controls of an HWK-R2-203b-equipped Me163A V4. This achievement garnered the Otto Lilienthal Award, even though the flight was cloaked in secrecy due to the war.

15 : Since Walter's HWK 109-509 rocket engine underwent numerous minor changes and the accurate blueprints that were carried to Japan no longer exist, it is difficult to determine precisely which model of engine was used.

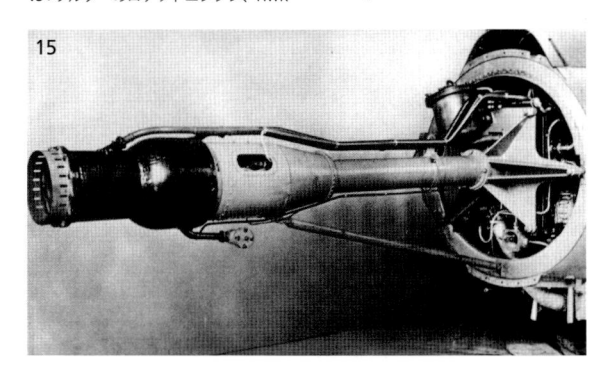

ワルターロケットエンジン　HWK109-509型　各タイプ

エンジンタイプ	推力	搭載機	重量
RII.203	750 kg	Me. 163A	不明
RII.211 (109-509.A-0)	1500 kg	Me. 163B	170 kg
109-509.A-1	1700 kg	Me. 163B	170 kg
109-509.A-2	1700 kg	Me. 163B	160 kg
109-509.B	1700 + 100-300 kg	Me. 163B	201 kg
109-509.C	2000 + 100-400 kg	Me. 263	180 kg

16：1944年1月には初のロケット戦闘機実戦部隊である1/JG400、第400戦闘航空団が編成された。

17：1944年8月5日、第400戦闘航空団第1飛行隊に所属する三機のMe163BコメートはムスタングP-51D三機撃墜という初戦果を挙げた。また24日には「空の要塞」B-17を三機撃墜した。

18：完成機体の不足、燃料爆発の危険性、燃料不足など多数の問題を抱えながらも、1944年11月には2／JG400も編成された。しかし、実戦での活動はほぼ停止状態となり1945年4月、1／JG400の解散とともにドイツロケット戦闘機隊はその幕を閉じた。

19：阿部海軍武官がドイツ航空省ミルヒ長官に要求したのはMe262およびMe163の機体と噴射機関に関する一切の完備図面各二組だったといわれている。しかし、当時の状況は二機ともに増加試作の段階にあり、とても外国に持ち出せるほど図面は完備されていなかった。そこで日本側は実地見学と詳細な説明を受けることとなる。写真左、阿部海軍中将。

20：巌谷氏がドイツから持ち帰った機体図面はこのように設計図と呼べるようなものではなかった。終戦時には多くの図面、機密種類が焼却処分されたが三菱機体設計陣の楢原敏彦氏が唯一枚、戦後まで隠し持っていた物である。

21：木梨鷹一「伊29潜」艦長。昭和十九年四月十六日、伊29潜は日本を目指し、ロリアンを出航した。木梨鷹一艦長は、軍令部宛に帰途の航行スケジュールを暗号により打電していた。

16 : The first rocket-powered fighter combat air group, 1/JG400 of the 400th Fighter Wing, was created in January of 1941.

17 : The Me163B earned its first combat victories on August 5th, 1944, shooting down three P-51D Mustangs.

18 : Although faced with many problems, such as a lack of completed airframes, fuel explosion hazards, and a fuel shortage, 2/JG400 was organized in November of 1944. By April of 1945, however, actual combat activities had ceased, and the disbanding of this combat air group along with 1/JG400 signaled the end of the German rocket-powered fighter air groups.

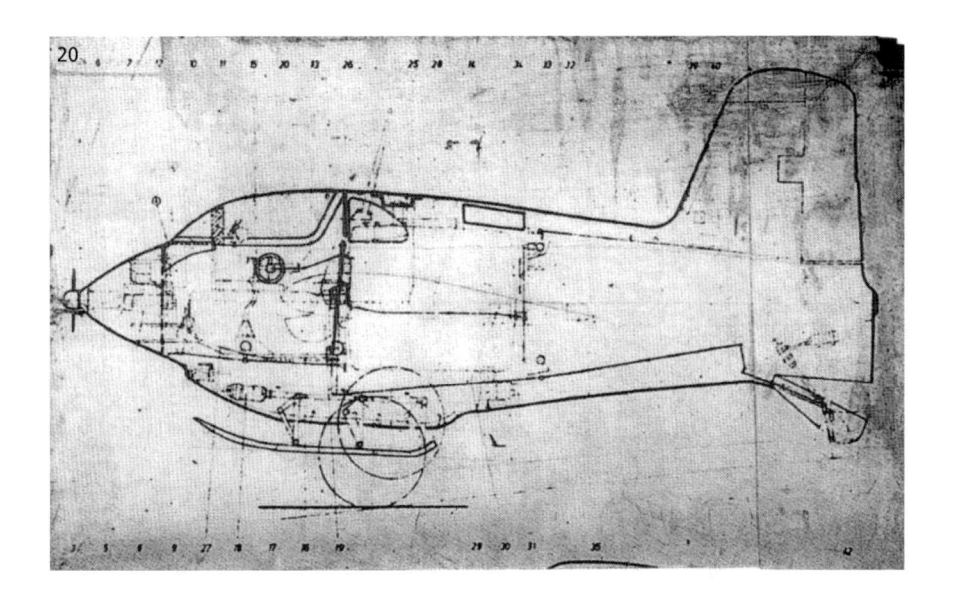

19 : It is believed that Vice Admiral Abe requested complete blueprints of the Me262 and Me163 airframes, as well as jet engines, from Germany. At that time, however, there were no complete blueprints available to take overseas. Vice Admiral Abe is on the left in the photo.

20 : The airframe illustrations brought back by Eiichi Iwaya were not actually blueprints, such as these. This single blueprint was kept hidden until after the war by Mr. Narahara of the Mitsubishi Airframe Design Group.

21 : On April 6th, 1944, the submarine I-29 put out to sea from Laurient, heading for Japan. Capt. Takakazu Kinashi telegraphed their return sailing schedule by secret code to the Naval General Staff.

22 : 巖谷英一技術中佐。伊29潜にはMe262とMe163Bの資料を携えた巖谷中佐が乗船した。幸運なことに伊29潜は大西洋で連合軍の追跡を逃れ、インド洋の横断に成功し七月十四日、シンガポールに到着した。巖谷中佐を含む乗員は全員退艦した。七月十七日シンガポールを零式輸送機にて出発、十九日ようやく羽田空港に到着した。いっぽう、七月末の帰国を目指していた伊29潜は、七月二十六日台湾とフィリピンの間にあるバシー海峡でアメリカ潜水艦ソーフィッシュの雷撃により沈没した。

22. Technical Commander Eiichi Iwaya carried the data for the Me262 and Me163B aboard the submarine I-29. Fortunately, the I-29 arrived safely in Singapore on July 14th. Commander Iwaya then continued on to Haneda Airport by passenger plane. Scheduled to arrive in Japan by the end of July, the I-29 was torpedoed and sunk by an American submarine somewhere between Taiwan and the Philippines.

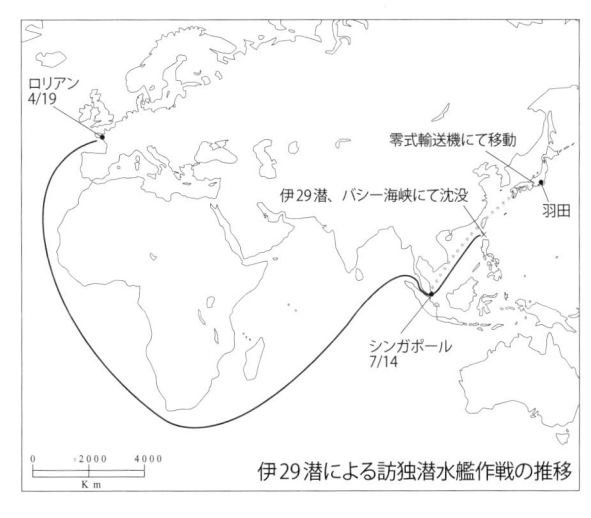

伊29潜による訪独潜水艦作戦の推移

23：和田操技廠長はあまりに乏しい巌谷資料に対して復元国産化を危ぶむ発言を押さえ、強力に開発を決定する。いっぽう、設計受注に難色を示す三菱の指摘する巌谷資料のデータ不足に対しては「科学部のほうでなんとかならんか」と空技廠科学部の越野長次郎部員に声をかけた。越野部員も異形の無尾翼機について多くの知識を持っていたわけではないが「何とかしましょう」と引き受けた。軍側にここまで譲歩されては三菱も引き受けないわけにはいかず、渋々ながらも強行日程で受注した。

24：機体の開発担当は海軍とし、実務は三菱重工名古屋航空機製作所と決まった。機体番号は「J8M1」となった。三菱設計陣の間では主に「J8M1」と呼び、たまに「J8」とも呼んだと機体油圧設計担当の中村 武氏は回想している。

25：ロケットエンジンは陸軍が担当し実務は三菱重工名古屋発動機研究所と決まった。名称は当初、陸軍では「特呂二号」、海軍では「KR-10」であったが昭和二十年六月より「特呂二号」に統一された。当然、改良型も存在し「特呂二号改一」や「KR-20」、「KR-22」などが設計試作されている。ちなみに「特呂」とは『特殊ロケット』、「KR」は『くすりロケット』の略とされている。

23 : Undaunted by sparse data and calls to abandon efforts at domestic replication of the plane, Misao Wada resolved to aggressively pursue the project.

24 : The Navy was in charge of airframe development, with production to be carried out at Mitsubishi Heavy Industries' aircraft factory in Nagoya. The airframe was designated J8M1. Primarily referred to as J8M1 among members of the Mitsubishi Design Group, it was sometimes called J8, recalls Takeshi Nakamura, in charge of airframe hydraulics design.

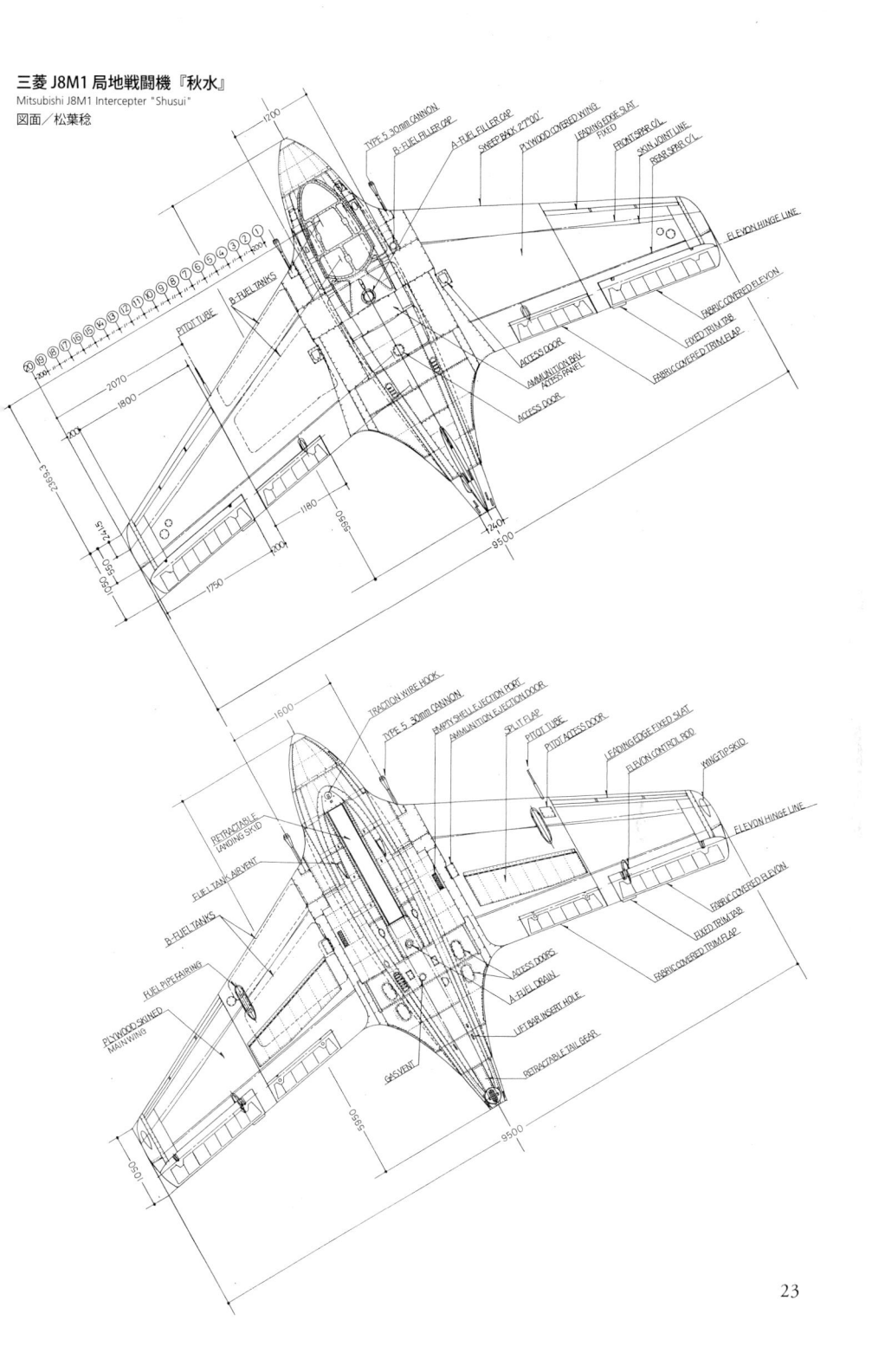

三菱 J8M1 局地戦闘機『秋水』
Mitsubishi J8M1 Intercepter "Shusui"
図面／松葉稔

奇妙な電文「えむいーひゃくろくじゅうさんにあつ」

A Strange Telegram: "Assign to Em-Ee One-Hundred Sixty Three"

昭和十九年八月初旬、大村航空隊元山分遣隊、零戦による戦闘機教程を終えた海軍第十三期飛行専修予備学生のもとに十六名の少尉の名前と「えむいーひゃくろくじゅうさんにあつ」という奇妙な命令が書かれた電文が届いた。電文を読み上げたのは清水敦分隊士（海兵七十二期）。辞令であるにも関わらず、赴任地が書かれておらずましてや発信地が海軍省人事部ではなく航空本部という奇妙な電文であった。

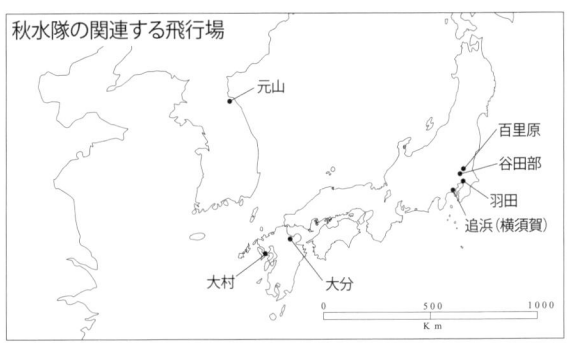

26

27

秋水隊の関連する飛行場

元山　百里原　谷田部　羽田　追浜（横須賀）　大村　大分

0　500　1000
K m

26：十三期飛行予備学生東京分遣隊の羽田飛行場における記念写真。この写真には土浦航空隊での基礎教程が二ヶ月短い大学理科系および師範学校卒業者によって編成された前期組と後期組の中でも学生航空連盟等に所属し早く操縦経験があり通常より早く基礎教程を終えた者が含まれている。第十三期海軍飛行専修予備学生十三期は大学、専門学校を卒業生もしくは中退し海軍航空隊を志願した学徒兵である。約七万人が受験し五千人近くが合格し基礎教程のため土浦空と三重空に別れて入隊した。「秋水隊」の中核はこの十三期予備学生の内、基礎教程が二ヶ月短い前記組で戦闘機教程を終了した十六人である。

27：南国長崎生まれの松本俊三郎学生は北国、秋田鉱専卒。軍事教練の陸軍将校からは生真面目さをほめられ「士官に適、陸軍大へ行け」と言われたが予備学生に合格した時はなぜか「ホッと」したという。その後は、教官の勧めに従い「偵察」を志望すると元から希望していた「戦闘機」に選ばれ、任地希望を第一志望から第三志望まですべて「外地」と書いたにもかかわらずに「内地」勤務になるという不思議な巡り合わせがついてまわった。

25 : The Army was in charge of the rocket engine, with production to be carried out at Mitsubishi Heavy Industries' engine research center in Nagoya. The engine was first designated Toku-Ro No. 2 by the Army, and KR-10 by the Navy (KR was an abbreviation of "Kusuri Rocket").

26 : A commemorative photo taken at Haneda Airfield of the 13th Term Student Naval Reserve Flight Officers, Tokyo Detachment.

27 : Nagasaki native Shunzaburo Matsumoto followed his instructor's recommendation and requested duty as a reconnaissance aircraft pilot, but was chosen to be a fighter pilot, his original wish. Although he indicated "overseas" as his first three choices for a duty post, he was assigned a domestic post. A mysterious turn of fortune.

28 : The Type 93 Intermediate Trainer, also known as "Akatombo" (Red Dragonfly). Both Navy and Army flight crews began their training on this aircraft.

29 : The 16 individuals who received intermediate training at each air group were stationed with the Omura Naval Air Group's Genzan detachment. They all received their initial training on operational Type 96 fighters at Oita Airfield.

28：九三中練、いわゆる『あかとんぼ』海軍航空隊の搭乗員になる者の第一歩はここからはじまる。十六人の中で五人が霞ヶ浦航空隊東京分遣隊として羽田飛行場で残る十一人が谷田部空にて中練教程を終えた。

29：各航空隊で中練教程を終えた十六人は大村海軍航空隊元山分遣隊に着任した。彼等は当初大分基地にて九六戦による実用機教程を受けた。

30：昭和十九年七月初旬、ようやく元山に移動し零戦による教程が始まり、連日猛訓練に継ぐ猛訓練であったと隊員たちは回想している。

初代隊長小野二郎大尉
The Original CO, Capt. Jiro Ono

「秋水隊」の隊長は小野二郎少佐だった。小野少佐は海軍兵学校六十四期生、三十一期飛行学生卒業の二座水上偵察機のパイロットであった。
「とにかく紳士でした」と秋水隊の搭乗員は、小野少佐を評す。
いっぽう小野氏自身は戦後、「十六人もの大学なんてところを卒業したエライ人たちの隊長になるのは、少し恐ろしかった」と高田幸雄氏にこっそり話したという。
そんな人間味あふれる小野隊長が十六人の若い少尉たちの心を掴むのに時間はかからなかった。

30 : Training on Zero Fighters finally began at Genzan in the beginning of July, 1944, adding more intense training to continuous days of already tough training, recall air group members.

31 : A photo from the military training days. A young Ono has his hand on the shoulder of Sadahiro Okada, his classmate and lifelong friend. Sadahiro's father was Prime Minister Keisuke Okada.

32 : Military school students were the heroes of schoolgirls in those days. The summer uniforms were popular even with the students themselves. Ono is the second student from the right, in the front row.

33 : Mountain climbing in the mountains near the Naval Academy. Ono is the student on the left in the second row.

34 : Cutter training was one type of the extremely hard conditioning they underwent.

35 : Training for land combat was compulsory even for the Navy. All students in attendance received all types of land combat training while camping outdoors for days.

35 : A commemorative photo taken while assigned to the seaplane carrier Notoro, where practical flight training was carried out. Cadet Ono is on the right in the first row. Behind is a Type 95 Reconnaissance Seaplane. "Notoro-5" can be seen marked on the tail.

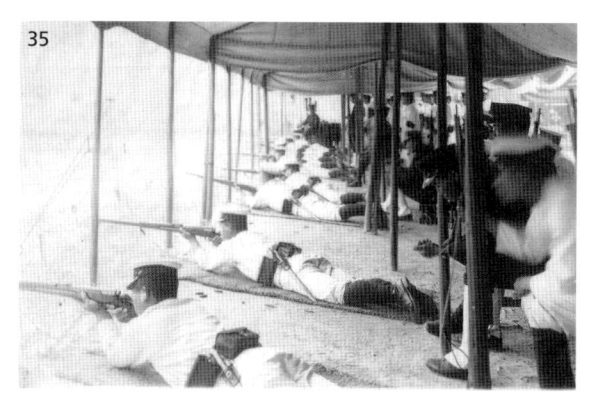

31：東京府立一中時代、軍事教練時の一枚。小野少年が肩に手をかけているのは級友であり、生涯の親友でもある岡田貞寛氏。貞寛氏の父はかの岡田啓介首相である。貞寛氏の「御学友」に選ばれた小野少年は府立一中まで貞寛氏とともに、岡田家のお抱えの車で通学したという。

32：当時女学生憧れの的だった兵学校生徒たち。なかでもこの夏の制服の人気が高かった。前列右から二人目小野生徒。

33：江田島の海軍兵学校裏山、古鷹山登山の際の一枚。二列目左端が小野生徒。江田島は広島県南西の広島湾に浮ぶ小島。志操堅固な海軍士官養成のため徹底した教育が行なわれた。

34：過酷な訓練の一つがカッター訓練。入校間もない者は手の皮はもちろん、尻の皮まで剥けたという。

35：海軍といえども陸戦の訓練は必修であった。在校生徒総員が数日間野営して、各種陸戦訓練を行う「原村演習」時の一枚。

36：航空実習のため水上機母艦の『能登呂』派遣時の記念撮影。前列右端、小野候補生。後方の水上機は「九五式水上偵察機」。尾翼に「ノトロ-5」と記されている。

37：昭和八年に九〇式二号水上偵察機の後継機を目的としたメーカー三社による近距離艦載水上偵察機の競争試作は操縦性や機体安定性が高かった中島機が昭和十年に九五式水上偵察機として制式採用された。

38：給油艦であった『能登呂』は大正十四年に水上機母艦兼務を与えらた。前後甲板には水上機を搭載するための天蓋を設けた。

39：昭和十二年三月二十三日卒業の六十四期生は六月七日横須賀から地中海コース遠洋航海へ出航した。八月九日第二次上海事変が発生。緊追した情勢になったため内南洋寄港を取り止めて、予定より二週間早く横須賀に帰港した。遠洋航海用に新調したのか、愛機『ローライコード』を持つ小野候補生。

40：その愛機で撮影したアレキサンドリア。小野氏のアルバムより。

37 : The Type 95 Reconnaissance Seaplane, successor to the Type 90-2 Reconnaissance Seaplane.

38 : Seaplanes loaded on the fore and aft decks of the Notoro, which was once a refueling ship.

39 : Cadet Ono, with his often-used Rolleicord camera.

40 : An avid photographer, Ono took these pictures of Alexandria. From Ono's album.

アレキサンドリヤ港

アレキサンドリヤ動物園

マルセーユの岸壁横付

アレキサンドリヤの邦人

マルセーユ港の開閉橋

アレキサンドリヤ 航空母艦「グローリヤス」

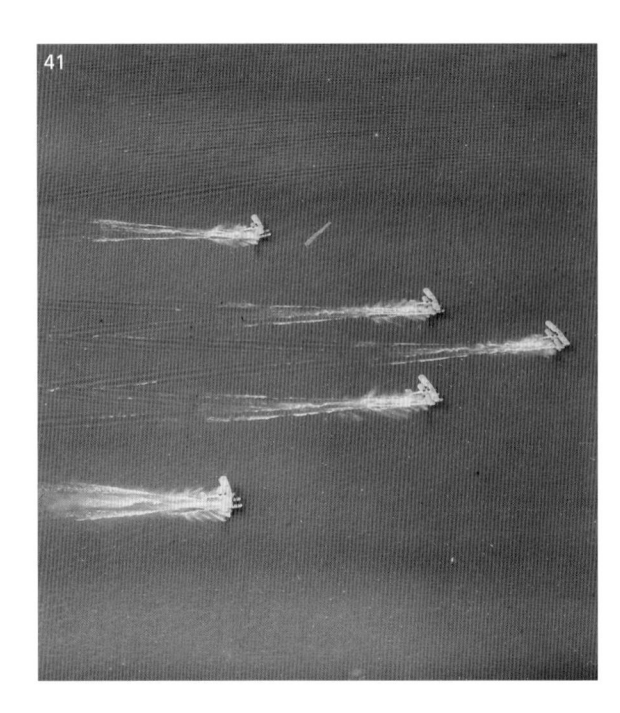

41：小野海軍少尉は昭和十三年七月二十八日、第三十一期飛行学生水上機班として霞ヶ浦航空隊に着任した。

42：霞ヶ浦上空を九三式中間練習機水上機型（K5Y2）が飛行する。

43：通称『下駄履きあかとんぼ』と呼ばれた九三中練水上機型が離水する。概して水上機出身者は操縦技量が高かったといわれている。

44：整備員が試運転を終えるのを待つ飛行学生たち。なぜか、一番手前の機体だけ後席にも整備員が乗っている。

45：飛行学生たちは訓練が終わってひと休み中。手前の中練には四人が取りついて収容作業を行っている。

46：九三中練の前で第三十一期飛行学生水上機班の記念撮影。最前列は教官。最後列左から二番目、小野飛行学生。

47：徳島県小松島まで訓練飛行した際の一枚。猛訓練の成果か搭乗員らしい面構えになってきた小野少尉。

41 : Ensign Ono reported for duty with Kasumigaura Air Group's 31st Term Seaplane Training Detachment on July 28th, 1938.

42 : Type 93 Intermediate Training Seaplanes (K5Y2) fly in formation over Kasumigaura.

43 : The seaplane variant of the Type 93 Intermediate Trainer, shown here taking off from the water, was commonly called "Getabataki Akatombo," which translates as "Red Dragonfly wearing Geta (traditional Japanese wooden clogs)." In general, it is said that graduates trained on seaplanes were highly skilled pilots.

44 : Flight students wait for the maintenance crew to finish a test run.

45 : Flight students taking a short rest after training.

46 : A commemorative photo of the 31st Term Seaplane Training Detachment, posing in front of a Type 93 Intermediate Training Seaplane. In the front row are instructors. Flight Student Ono is in the last row, second from the left.

47 : A photo taken on a training flight, this time as far as Komatsushima in Tokushima Prefecture. Hard training has resulted in a more pilot-like look in Ensign Ono.

48：昭和十四年三月七日、翼を列ねて編隊を組む若鷲たちの卒業飛行。

49：霞浦、霞月楼における飛行学生卒業記念宴会にて。この記念写真に写っている大部分が大平洋の空に散っていった。最後列右から一人目、小野少尉。

50, 51：昭和十五年十一月一日より博多航空隊付兼教官として勤務。翌十六年五月十五日、海軍大尉に進級している。

48 : Graduation flight, March 7th, 1939.

49 : A flight school graduation banquet held at Kagetsuro in Kasumigaura. Ensign Ono is in the last row, first on the right.

50 ,51 : From November 1st, 1939, First Lieutenant Ono served as a pilot aboard the heavy cruiser Takao, flagship of the Second Fleet.

肉体の限界へ ―空技廠低圧タンク訓練―

Testing the Body's Limits: Kugisho Low-Pressure Tank Training

昭和十九年八月二十日頃、元山空から横空へ着任をすませた十六人の少尉たちは小野隊長より「自分たちはドイツから技術輸入した新型ロケット戦闘機の実験用員である。当分の間は空技廠で訓練する」と告げられ、大いに奮起した。しかし、その過酷な訓練は「未知の高度での航空医学」に、自らを実験体として提供することであった。

52, 53：昭和十九年九月十三日、低圧タンク訓練を終えた後、空技廠屋上にて記念撮影。隊員たちが首から下げているのは低圧タンク用酸素マスク。二列目の四人は軍医、右端が責任者の大島正光軍医少佐、戦後航空医学、宇宙医学の権威となる。タンク内には一名の軍医が付き添いとして入るため、二列目左端の内園軍医大尉も酸素マスクを下げている。

なぜかこの記念写真から三角少尉（写真53）がもれているのは、撮影者のためであろうか。御本人もなぜ映っていないか、記憶がないという。この数日後、全員に対し「秋水隊員合格」と告げられる。「ホッ」とした者もいれば、「なぁ～んだやっぱりモルモットだったのか」と思った者もいたという。

52, 53 : A photo taken September 3rd, 1944, on the roof of the Kugisho, after training in the low pressure tank. Low pressure tank-use oxygen masks hang from the necks of the crewmembers. One medical officer accompanied the crewmen during training, and this man can be seen on the left in the second row, also with an oxygen mask. Ensign Misumi (photo 53) does not appear in this photo, probably because he was the cameraman. He doesn't remember himself why he isn't in the photo. Several days after this photo was taken, it was announced that all of the trainees qualified as Shusui crewmen. Some were relieved to hear the news, while others thought they had simply been used as guinea pigs.

"Kugisho's (Air Technical Arsenal) low pressure tank." Yukio Takada illustration.

「空技廠低圧タンク」

イラスト・解説／高田幸雄

「秋水は高度1万mまでわずか三分三十秒で到達する。果たしてパイロットはそれに耐えられるのだろうか」空技廠はこの疑問に対し「秋水隊員」を使ってデータ収集にあたった。急減圧時には頭蓋骨内の微少な空気が膨張して起きる極度の頭痛や、鼻血を出す者、あまりの耳痛に鼓膜に穴をあけてくれと言い出す者まで現れたという。「こんな訓練を続けていたら四十歳までも生きられないよ」ある日、軍医大尉が尋ねた。「いやぁ、我々は秋水が完成したら、すぐに一年もしないうちにみんな戦死してしまうから、そんな心配はいりませんよ」と松本俊三郎少尉が応え、そばにいた隊員たちもそうだそうだといって笑った。軍医大尉はうつむいて、そうかそうかというようにうなずいていたと言う。

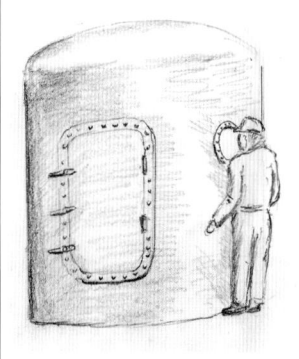

①低圧タンクは中型で、高速の減圧ができるため、1万mまで3分で上昇する訓練や、それ以上の急上昇・急降下の訓練に用いられた。連絡用の丸窓は3個ぐらいあったと記憶する。

②低温低圧タンクは4名でギュウギュウ詰め。内部は低温で－30℃、肉屋の冷蔵庫のように氷が張りつめている。減圧速度は非常に遅い。

1. A medium-sized pressure chamber was built for training pilots to withstand high-speed decompression, such as that experienced in a 3-minute climb to 10,000 meters, or ascents and decents even faster than that. The chamber is recalled to have had three windows for communicating with trainees inside.

2. Four people completely filled this smaller chamber. Covered with ice, it was like a butcher shop's freezer, with the temperature inside a chilly 30 degrees below zero Celsius. The rate of decompression was very slow.

③大型タンクは16名の半分宛、つまり8名＋軍医2名で訓練したように思う、減圧速度が遅いので酸素マスクなしで6,000mまであがって海軍体操をしたり主として慣熟訓練に使用した。米軍のかまぼこ兵舎とイメージがこんがらかって正確ではない。尚、強度の関係で断面は真円で半分は地下に隠れているのではないかと思った。理由は内部の床は、スノコのような木製の板張りだったから。

3. Intended for 16 people, training is thought to have actually been carried out with eight trainees and two medical officers. Due to the slow rate of decompression, work such as Naval calisthenics done without oxygen masks at a pressure equal to an altitude of 6000 meters was carried out. This was primarily for conditioning purposes.

④低圧タンク内部には丸テーブルと椅子があリテーブルには酸素マスクをつなぐコネクターとコックがあった。定員は五名であったろうか。

4. The interior was furnished with a round table and chairs. Oxygen mask connectors and valves were mounted on the table. Capacity was about five people.

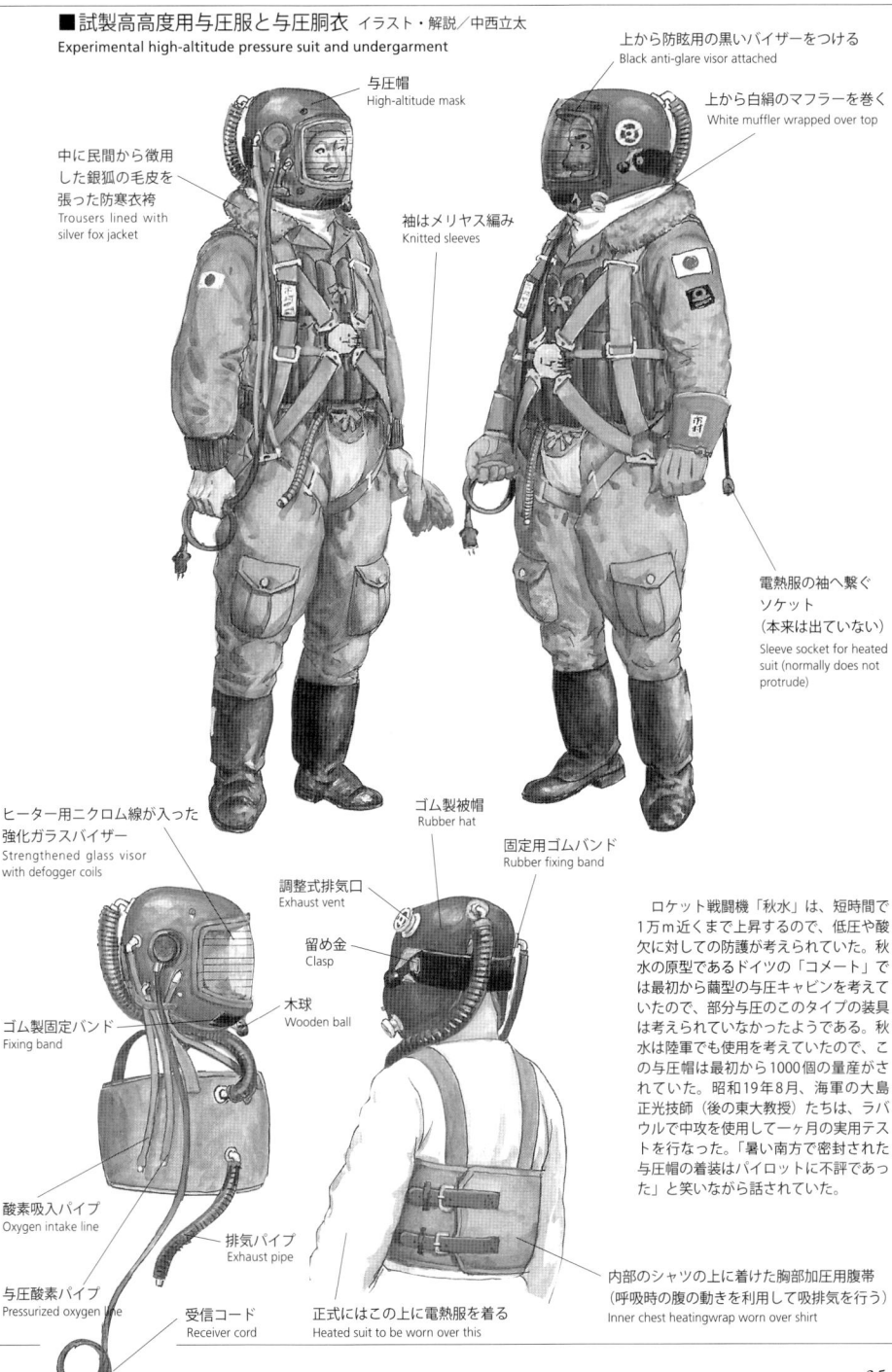

■試製高高度用与圧服と与圧胴衣　イラスト・解説／中西立太
Experimental high-altitude pressure suit and undergarment

- 与圧帽
  High-altitude mask
- 上から防眩用の黒いバイザーをつける
  Black anti-glare visor attached
- 上から白絹のマフラーを巻く
  White muffler wrapped over top
- 中に民間から徴用した銀狐の毛皮を張った防寒衣袴
  Trousers lined with silver fox jacket
- 袖はメリヤス編み
  Knitted sleeves
- 電熱服の袖へ繋ぐソケット（本来は出ていない）
  Sleeve socket for heated suit (normally does not protrude)
- ヒーター用ニクロム線が入った強化ガラスバイザー
  Strengthened glass visor with defogger coils
- 調整式排気口
  Exhaust vent
- ゴム製被帽
  Rubber hat
- 固定用ゴムバンド
  Rubber fixing band
- 留め金
  Clasp
- 木球
  Wooden ball
- ゴム製固定バンド
  Fixing band
- 酸素吸入パイプ
  Oxygen intake line
- 排気パイプ
  Exhaust pipe
- 与圧酸素パイプ
  Pressurized oxygen line
- 受信コード
  Receiver cord
- 正式にはこの上に電熱服を着る
  Heated suit to be worn over this
- 内部のシャツの上に着けた胸部加圧用腹帯（呼吸時の腹の動きを利用して吸排気を行う）
  Inner chest heatingwrap worn over shirt

ロケット戦闘機「秋水」は、短時間で1万m近くまで上昇するので、低圧や酸欠に対しての防護が考えられていた。秋水の原型であるドイツの「コメート」では最初から繭型の与圧キャビンを考えていたので、部分与圧のこのタイプの装具は考えられていなかったようである。秋水は陸軍でも使用を考えていたので、この与圧服は最初から1000個の量産がされていた。昭和19年8月、海軍の大島正光技師（後の東大教授）たちは、ラバウルで中攻を使用して一ヶ月の実用テストを行なった。「暑い南方で密閉された与圧帽の着装はパイロットに不評であった」と笑いながら話されていた。

百里空へ ―横須賀海軍航空隊百里原派遣隊―
To the Hyakuri Air Group (Yokosuka Air Group's Hyakurigahara Detachment)

「搭乗員はブランクがあくと技量が落ちる」と、横空で飛行作業をしてみたものの、混雑している横空での訓練には無理があると判断した小野隊長は、部隊を百里原基地に移動することとした。昭和十九年十月初旬、百里基地へ移動した部隊はこの頃より「秋水隊」を名乗るようになった。

54：百里原基地上空の派遣隊使用機の九三中練。垂直尾翼の部隊識別番号には「ヨ-715」と横空と同じ「ヨ」を用いたが本隊と区別するためオレンジイエローの横線、さらにイエローの横線を一本加えたという。この写真には隊舎が映っており筆者が見たオリジナルプリントの裏面には『軍秘』と赤いスタンプが押されていた。

55：滑走路近くの草地にテントを張り石炭ストーブと温かいお茶で暖を取る小野隊長（中央）と少尉たち。左から湯飲み茶わんを持つ松本俊三郎、松本豊次、三角秀敏、鈴木晴利の各少尉。

56：学生出身ためか少尉たちの中でカメラを保有する者は多かった。愛用の『マミヤ』を楽しそうに眺める岡野勝敏少尉。

54 : A Type 93 Intermediate Trainer branch-use aircraft over Hyakurigahara Airfield. The barracks can be seen in this photo. The back of the original print of this photo, as seen by the author, had the words "Military Secret" stamped on it.

55 : With a tent set up on a stretch of grass near the runway, Commander Ono (center) and several ensigns warm themselves with hot tea and a charcoal stove. From the left, holding a teacup is Ensign Shunzaburo Matsumoto, with Ensigns Bonji Matsumoto, Hidetoshi Misumi, and Harutoshi Suzuki.

56 : Many ensigns were avid photographers. Here Ensign Katsutoshi Okano enjoys his camera.

57 : Having finished their training on the Type 90 Intermediate Trainer, Ensigns Shunzaburo Matsumoto (left) and Koichi Ito (right) report the completion of flight operations to Commander Ono.

58 : Giving the same report are Ensigns Harutoshi Suzuki (left) and Ito (right).

59 : Although the standard criterion for aircrew visual acuity was 1.2 on the Japanese eyesight scale, most individual's eyesight improved to over 2.0 as training continued.

60 : This photo is dated around October 31st, 1944. Seen across from the resting Shusui crew is Lieutenant Commander Goro Nonaka's Type 1 Attack Bomber, attached to the 721st Air Group. This is quite a valuable shot, having been taken during testing and training for the "Oka" Special Attack Aircraft.

57：九三中練での滑空定着訓練を終え、小野隊長に飛行作業終了の報告する松本俊三郎（左）、伊東弘一（右）の各少尉。

58：同じく報告をする鈴木晴利（左）伊東（右）各少尉。小野隊長の座る椅子には「横空」とかかれている。左腕越しには双眼鏡が見える。

59：搭乗員の視力はもともと1.2以上が基準であったが、訓練を重ねる内、ほとんどの者が2.0以上の視力になっていたという。昭和十九年の十二月真昼の空に同期の機影を追っていた隊員たちは「星が見える」と大騒ぎになった。戦後になってこの年が金星大接近の年ということが分かり、論争にも決着がついた。

60：昭和十九年十月三十一日頃の写真。休憩する秋水隊員の向こうに見えるのは野中五郎少佐の七二一空所属の一式陸攻。特殊攻撃機『桜花』の実験、訓練中に撮られた貴重な一枚。

61：燃料を使い切った秋水はグライダーとなって帰還しなければならない。このため、秋水隊では百里原基地方10kmにある、ひ沼上空1200mでエンジンを切り、滑空で飛行場に着陸する訓練を行なった。また秋水は通常の三点着陸とは異なり、いわば胴体着陸に近いので、前車輪だけで滑り込む着陸を行なった。

62：訓練の合間にひと休み。奥に九三中練がみえる。左から成沢、北村、伊東、成田、三角の各少尉。

63：左から玉井、伊東、掘谷、岡野の各少尉。

64 - 69：飛行作業以外にも体力育成のため運動競技が頻繁に行なわれた。特に野球、バレーボールでは士官と下士官兵が対戦した。「一応、お酒などを賞品にしましたが、勝っても負けても兵隊さんたちには御苦労さんという意味で賞品を渡していました」松本俊三郎氏は当時を回想する。

61 : Once its fuel supply was depleted, the Shusui had to return from its mission as a glider. Shusui crews trained for this by cutting their engines at an altitude of 1,200 meters over Hinuma, about 10 kilometers north of Hyakurigahara Airfield, and then gliding back to the airfield. Since the Shusui did not have the usual 3-point wheeled landing gear -- executing belly landings on a skid instead -- crews trained by executing flat landings using only their forward landing gear.

62 : Taking a short break between training sessions. From the left are Ensigns Narisawa, Kitamura, Ito, Narita, and Misumi.

63 : From the left are Ensigns Tamai, Ito, Horiya, and Okano.

64-69 : Aside from flight operations, frequent sporting events were held to promote physical fitness.

犬塚豊彦大尉着任
Capt. Toyohiko Inuzuka's New Command

訓練のため百里原に移動した秋水隊の元へ、十月十八日、空技廠での低圧訓練を終えた後、犬塚豊彦大尉が第一分隊長として着任した。

70 : Lieutenant Toyohiko Inuzuka was a 70th Term student of the Naval Academy, and a graduate of Saga Junior High School.

71 : Practical fleet training while at the Naval Academy. Cadet Inuzuka is in the first row, first person on the left.

72, 73 : After graduating from the Naval Academy, Ensign Inuzuka was assigned to the Kasumigaura Air Group as a 38th Term flight student.

74 : A 38th Term flight student commemorative photo, taken in front of a Type 93 Intermediate Trainer.

70：犬塚豊彦大尉は海軍兵学校第七十期生。佐賀中学出身。「豊彦は父が医者で北海道の三井美唄炭坑の病院長をしていた関係で、子供の頃は北海道で育ちましたが、中学時代には父の郷里の九州佐賀で祖母の世話になり県立佐賀中学に在学していたため、私と一緒に親元を離れて同じ中学校に在学し、卒業と同時に海軍兵学校に入学しました」実兄、尚比古氏が語る幼少時の犬塚大尉。「海兵を卒業して飛行学生時代が一番楽しく青春を満喫していたようです。霞空時代、休暇の度に東京世田谷の母や兄妹姉妹の居る家に還り、時間ぎりぎりまで家族と団欒したり背広姿で銀ブラをしたりして過していた姿が今でも目に浮かびます」と兄、尚比古氏。

71：兵学校時代、艦隊実習時の一枚。前列左端、犬塚生徒。右隣の秋水隊第六分隊長山崎雄蔵生徒

72, 73：兵学校卒業後、選ばれて犬塚少尉は第三十八期飛行学生として霞ヶ浦航空隊へ着任した。

74：九三中練の前で飛行学生の記念写真。二列目右から8人目、犬塚大尉。犬塚大尉は霞空で教官を勤めた。小野隊長の時代と比べ、学生数が増加している。航空兵力の増強と仮想敵国アメリカとの戦争に備えた拡充である。

41

75: A lieutenant when this photo was taken, Inuzuka poses on the float of a Hakata Air Group Type 0 Observation Seaplane, commonly called "Reikan"

76: Possibly a photo from the flight school days. From the left are Ensigns Inuzuka, Asamura, and Kawano. After being promoted to first lieutenant on February 17th, 1944, Ensign Kawano was killed in combat during a bombing raid on Truk Island.

77, 78: Chief Medical Officer Hajime Endo related the following: "Lieutenant Inuzuka was an inexperienced but fine young man. He had a good, refreshing character, one particular aspect of which was his good-heartedness. We called him by the nickname "Wan-chan" (puppy dog). Of course, he also had the daring courage of a military man."

75：博多航空隊にて、零式水上観測機通称『れいかん』のフロート上でポーズをきめる犬塚中尉（当時）。

76：飛行学生時代の写真？ 左から犬塚少尉、浅村敦少尉、川野通治少尉。川野少尉は中尉進級後、昭和十九年二月十七日、トラック島にて空戦中に戦死した。

77, 78：「ある日、三一二空の宴会がフィッシュで行なわれた際、犬塚分隊長はメイドにお茶を入れさせた酒徳利を体調不良で酒が飲めない隊員についていたのを私は見ていた。人を信服させる指揮官は、こうあるべきだなと感じ入った」整備分隊工藤有範中尉の見た犬塚大尉。「犬塚大尉は白面の好青年でした。サッパリしたいい人柄で、特に優しい一面がありました。声を荒げて部下を叱るということはなかったと思います。我々は『ワンちゃん』という愛称で呼んでいました。もちろん武人の豪傑さはもっておられた」こう語るのは、遠藤始軍医長。

79：犬塚大尉には兄妹が多かった。兄、尚比古氏の他に、姉が一人、妹が三人いた。大変兄妹思いの優しい性格だった。帰郷した際、家族とともに。

80：博多航空隊、中尉時代に夏の二種軍装姿の一枚。

81：昭和十九年十月頃、百里空にて小野隊長と犬塚大尉。運動訓練の一時。

82：同じく百里空、隊員たちの訓練をみる。後方の板は搭乗割りか。

83：霞空の指揮所にて。昭和二十年三月から四月頃と思われる一枚。前年の十二月、小野隊長が過労により罹病入院したため、犬塚大尉が小野隊長の代わりを勤めるようになる。任務に対する重圧からか、表情にもきびしさが現れてきている。

84：「試飛行」間近の横空で撮影。一段ときびしさが表情に現れている。昭和二十年四月以降になると犬塚大尉は横空での勤務が多くなる。

同期の桜
That Year's Cherry Blossoms

同期の絆は兄弟よりも濃いといわれている。ここにあるのは「貴様となら一緒に死んでもいい」と心に誓った男たちの気迫と、ふと見せる学生時代を想わせる顔だ。

79 (p.43) : Lieutenant Inuzuka had many siblings. In addition to his older brother Naohiko, he also had one older sister and three younger sisters. With his good-natured personality, he was always greatly concerned about his brothers and sisters. This photo shows Inuzuka visiting his family at home.

80 (p.43) : Ono in his summer uniform, with the Hakata Air Group when he was a first lieutenant.

81 : Taken around October, 1944, this picture shows Commander Ono and Lieutenant Inuzuka at Hyakurigahara Airfield, taking a break from exercising.

82 : Again at Hyakurigahara Airfield, observing the training of air group members.

83 : Kasumigaura Airfield's field headquarters, seen sometime between March and April, 1945. In December of 1944 Lieutenant Inuzuka assumed Commander Ono's duties when Ono was hospitalized for exhaustion. The severity of the pressures of duty is evident in his expression.

84 : Taken at Yokosuka Airfield, soon before flight testing began. The severity of the situation shows conspicuously on the faces of the aircrew. From April of 1945, Lieutenant Inuzuka served at Yokosuka Airfield more frequently.

85 : Ensigns relaxing during a break after training. On the right is Ensign Ito, with Ensign Narita on the left.

86 : Taking in the spring sunshine, Ensigns watch something off-camera. Perhaps longing for life outside the confines of the military, many Naval Reserve student officers posed for pictures. On the left is Ensign Suzuki, with Ensign Misumi on the right.

87 : The beginning of summer at Kasumigaura Airfield. First Lieutenants Shunzaburo Matsumoto, Seizo Harada, and Koichi Ito. A first lieutenant armband can be seen on First Lieutenant Harada's left arm.

85：訓練後の一時、くつろぐ少尉たち。左、伊東少尉、右、成田少尉。

86：春の日ざしを受けながら、彼らは何を見ていたのだろうか。姿婆っけのある予備学生のためか、写真にもポーズをとる者が多い。左、鈴木少尉。右、三角少尉。

87：初夏の霞空にて。左から松本俊三郎中尉、原田精三中尉、伊東弘一中尉。原田中尉の左腕に中尉の腕章が見える。

88：百里空の士官宿舎にて。少尉時代。左から三角、堀谷各少尉。

89：士官搭乗員には長髪が許されていた。一種軍装を着ていなければ、まるで学生のような二人。左、成田中尉。右、三角中尉。

90：百里空、少尉時代。前列左から松本俊三郎、三谷嘉夫、後列右、梶山政雄の各少尉。松本少尉はサングラスをかけていることが多かったという。

91：百里空指揮所にて。手前、小野隊長その隣、犬塚分隊長。

88 (p.44) : Officer's quarters at Hyakurigahara Airbase, when the men were ensigns. From the left are Ensigns Misumi and Horiya.

89 (p.44) : Aircrew officers were allowed to have long hair. Out of uniform, these two look like students. On the left is First Lieutenant Narita, with First Lieutenant Misumi on the right.

90 (p.45) : Hyakurigahara Airbase, when the men were ensigns. In the front row from the left are Ensigns Shunzaburo Matsumoto and Yoshio Mitsuya, with Ensign Masao Kajiyama in the second row, on the right. Ensign Matsumoto often wore sunglasses.

96

97

92：鈴木中尉（左）と三角中尉（右）は非常に希有なことだが土空入隊時より秋水隊にいたるまですべて同じ分隊に所属した。そのせいか、分隊内でも仲が良く上陸（休日）には、よく三角中尉の実家へ遊びに来ていた。

93：陸軍将校だった鈴木中尉の父は昭和十九年六月サイパンで戦死している。お互い最後になるとは思いもせずに、鈴木中尉が羽田から大分に向かう途中の名古屋駅での父との待ち合わせは電報の読みちがえにより果たせなかった。

94：初夏の霞空で小菅中尉（右）と三一二空開隊後、艦上攻撃機の九三一空より転勤してきた千木良晋作中尉（左）。「ずい分と歴戦の猛者ばかりの隊へ来たと思ったら、ほとんどが同期ばかりでしたのでホッとしました」と千木良氏は三一二空の印象を語る。

95：気晴らしに下士官兵とともに近くの川まで遠足。発破をしかけて漁をするも大した魚はとれなかったという

96：小野隊長を中心に野球の後での記念撮影。右端、犬塚大尉。少尉たちが十五人しかいないが一人は撮影者のため。中央の付近に影だけが見える。左端、高田少尉が週番士官の腕章をつけている。

97：訓練後の一コマ。左から三角少尉、整備関係者、伊東、鈴木の各少尉。

91 (p.45) : Hyakurigahara Airfield field headquarters. In the foreground is Commander Ono, with Group Commander Inuzuka next to him.

92. First Lieutenants Suzuki (left) and Misumi (right). The two served together from their first airfield assignments up to their assignments with the Shusui Air Group, a very unusual occurrence.

47

秋水隊 ─十六人の少尉たち─
The 16 Lieutenants of the Shusui Group

「秋水」のテストパイロットの十六人は全員が師範学校、大学理科系の卒業生で構成された十三期予備学生前期組の戦闘機専修者の中から選ばれた。
ここでは三角秀敏少尉の寸評を交えて紹介する。

93 (p.46) : First Lieutenant Suzuki's father, also a military officer, died in combat on Saipan in June of 1944.

94 (p.46) : On the right is First Lieutenant Kosuge at Kasumigaura Airbase in early summer. On the left is First Lieutenant Shinsaku Chigira, who transferred to the newly-formed 312th Naval Air Group from the ship-based 931st Naval Air Group.

95 (p.46) : For recreation, the officers take an excursion to a local river with the enlisted men.

96 (p.47) . A commemorative photo taken after a baseball game, with Commander Ono in the center. On the left is Lieutenant Inuzuka. 15 of the 16 ensigns appear in this picture. Only the shadow of the 16th ensign (who is taking the picture) can be seen.

秋水 *Rocket Fighter Shusui*

98：松本俊三郎少尉、秋田鉱専卒。「古武士的風格があり、一見取り付きにくいが人情家」

99：成田真一少尉、早稲田大学卒。「大陸的で、おっとりした人情家」

100：小菅藤二郎少尉。大阪専門卒。「庶民的で地味だが、親しみやすい男」

101：伊東弘一少尉。名古屋高工卒。「バンカラで、相撲が強く物事に動じない男」

102：鈴木晴利少尉。室蘭高工卒。「気の優しい、人に好かれるタイプ」

103：秋葉信彌少尉。慶応大学卒。「山椒は小粒でピリッと辛い。江戸っ子風」

104：北村禮少尉。東京高等師範卒。「若年寄りで、説得力のある教授タイプ」

105：梶山政雄少尉。日本大学卒。「スマートで立ち居振る舞いが鮮やかな男」

106：百里空、指揮所内での一枚。黒板には「滑空定着訓練」の文字や「γ（飛行）始メ」などの文字も見える貴重な写真。

107：三角秀敏少尉。山梨高工卒。「おとなしく（ウソツケ）ハンサムだが、気が短い男」

108：原田精三少尉。早稲田大学卒。「技術屋で気がこまやか、おとなしく親しみやすい」

109：三谷嘉夫少尉。広島高等師範卒。「冷静さのある秀才型で、先生タイプ」

110：成沢義郎少尉。慶応大学卒。「ダンディーで怖いもの知らず、気っ風の良い男」

111：零戦の整備が終わるのを待つ搭乗員たち。どれも整備の腕が試されるオンボロ機だった。

112：松本豊次少尉。大阪専門卒。「芸術家タイプ、ネットリ型だがつき合うほどに味のある男」

113：高田幸雄少尉。日本大学中退。「おとなしいが心が強く理論派で、人に好かれるタイプ」

114：堀谷清衛少尉。東京農大卒。「紳士的で大人しく、親しみが持てる男」

115：岡野勝敏少尉。愛媛師範卒。「真面目で勉強家。風流人タイプ」

116：梶山中尉の半長靴と飛行帽。半長靴には所属航空隊名の「312」と中尉のマーク、その中に梶山中尉の「梶」の字が見える。飛行機の形をしたキーホルダーがかわいい。

117：百里空で野球をする隊員たち。いちばん手前に小野隊長。チームメイトがバッターボックスにいるらしい。

97 (p.47) : After training. From the left are Ensigns Misumi (a maintenance crewmember), Ito, and Suzuki.

98 (p.48) : Ensign Shunzaburo Matsumoto. "He had the character of an ancient warrior. At first glance he seemed rather cold, but he had a good heart."

99 (p.48) : Ensign Shinichi Narita. "A peaceful, warm-hearted person."

100 (p.48) : Ensign Tojiro Kosuge. "An ordinary, modest man, but affable."

101 (p.48) : Ensign Koichi Ito. "A calm man who was good at Sumo."

102 (p.48) : Ensign Harutoshi Suzuki. "A good-hearted and popular man."

103 (p.49) : Ensign Shinya Akiba. "A small but powerful person, with the manner of a Tokyoite."

104 (p.49) : Ensign Rei Kitamura. "Mature beyond his years, a persuasive person with the qualities of a professor."

105 (p.49) : Ensign Masao Kajiyama. "A fashionable man with impeccable behavior."

106 (p.49) : Inside the field headquarters at Hyakurigahara Airfield. Words such as "Fixed Gliding Practice" and "Flight Commencement" can be seen written on the blackboard.

107: Ensign Hidetoshi Misumi. "Handsome but quite quick-tempered."

108 : Ensign Seizo Harada. "A meticulous engineer, he was quiet and affable."

109 : Ensign Yoshio Mitsuya. "A calm and bright person, much like a school teacher."

110 : Ensign Yoshiro Narisawa. A good-natured, fashionable man who knew no fear."

111 : Aircrews wait for maintenance to be completed on their Zero Fighters. Each one of these dilapidated aircraft tested the skills of the maintenance crews.

112 : Ensign Bonji Matsumoto. "A tenacious, artsy person, who becomes more interesting the better you know him."

113 : Ensign Sachio Takada. "A likeable, strong-hearted man of logic."

114 : Ensign Kiyoe Horiya. "A friendly, quiet gentleman."

115 : Ensign Katsutoshi Okano. "Serious and studious. A person of refined taste."

116 : First Lieutenant Kajiyama's boots and flight helmet. On the boots can be seen the mark of his assigned air group, the 312th, and a first lieutenant mark, inside of which can be seen the Chinese character for "Kaji," from First Lieutenant Kajiyama's name.

117 : Crewmembers playing baseball at Hyakurigahara Airfield. Commander Ono is in the very front. One of his teammates appears to be at the plate.

118 (p52) : Having replaced the hospitalized Commander Ono as chief pilot, Lieutenant Inuzuka successfully carried out the first flight in the light glider Akigusa at Hyakurigahara Airfield on December 26th, 1944. Sachio Takada vividly recalls to this day the memories of the light glider dancing beautifully in the clear winter sky: "Until we saw it fly for the first time, we were all anxious as to whether it would actually fly or not. After witnessing Puppy Dog's (Lieutenant Inuzuka's nickname) flawless flight, however, we all happily chased after the light glider, waving our hands in the air. I'm sure I wasn't the only one who cried tears of joy and relief that day."

119 (p.52) : A light glider delivered to Kasumigaura Airfield. The 16 first lieutenants began training on the light gliders from around April of 1945.

51

秋水滑空機
The Shusui Glider

秋水は未知の無尾翼機であったため、その飛行性能を確認するため空技廠により全木製羽布張りの滑空機『軽滑空機秋草MXY8』が製作された。さらに、実機からエンジン、燃料タンク、兵装を除いた『重滑空機』が三菱により製作された。

118

119

120

118：昭和十九年十二月二十六日、百里原飛行場において病気入院した小野隊長に代わり主務パイロットとなった犬塚大尉が『軽滑空機秋草』の初飛行に成功した。「初飛行を見るまでは本当に飛ぶのか不安でしたが、ワンちゃんの見事な飛行を見てみんなうれしくて、手をふりながら軽滑空機を追いかけていきました。自分もですが他のみんなも泣いていたと思います」冬晴れの空に美しく舞う「軽滑空機」の姿は今でも高田幸雄氏の記憶に鮮明に残っている。

119：霞空に納入された軽滑空機。十六人の中尉たちも二十年四月頃より「軽滑空機」の訓練を行なった。

120：低圧タイヤのせいか、傾いている「軽滑空機。左翼付け根の「ベンチュリー管」がみえる。

121：霞空に置かれた「軽滑空機」。通常は高圧タイヤをつけているはずだがこの時に撮られた写真だけ、低圧タイヤが装着されている。理由は不明。右端、掩体壕のなかにもう一機のノーズコーンがみえる。

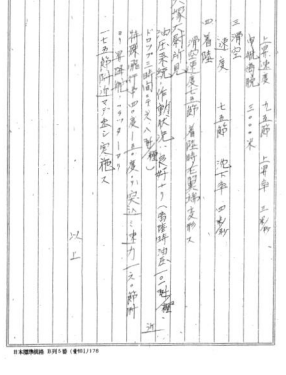

122：昭和二十年一月八日、午後二時、艦攻『天山』に曳航された「重滑空機」が離陸していく。アンテナを除き実機と外形の違いは見当たらない。

123：四回行なわれた「重滑空機」テスト飛行の第三回試験時成績表。三菱機体設計陣の中村武氏が保存していた貴重な資料。

120 : This light glider leans at an angle, perhaps due to its low-pressure tires.

121 : A light glider at Kasumigaura Airfield. High-pressure tires were normally used on the aircraft, but in this picture low-pressure tires are installed. The nosecone of another aircraft can be seen in the fortified hangar on the right.

122 : At 2pm on January 8th, 1945, a light glider is towed aloft by a Tenzan.

123 : A performance report of the third test flight of a heavy glider. In all, four test flights were carried out with heavy gliders. This valuable document was preserved by the Mitsubishi Airframe Design Group's Takeshi Nakamura.

124 (p.60) : Capt. Takeo Shibata, a 52nd Term student of the Naval Academy and commanding officer of the 312th Naval Air Group. Coming from a fighter pilot background, his arguments with classmate Minoru Genda over the development of the Zero Fighter are famous.

125 (p. 60) : A Type 21 Zero Fighter, used by the Shusui Air Group. Taking a break from training, two or three people went to a nearby air group and acquired the Zero Fighter. "They were all quite worn out," laughs Harutoshi Suzuki.

「図面なき機体設計」

機体設計、製作経緯、製作機体数、製造番号について

三菱では秋水設計陣を間引きしたため各所にそのしわ寄せが生じることが予想され、航空本部に対し事前に設計・試作の遅延について承諾を求めていた。G4排気タービン設計の遅延、A7改（烈風改）設計および試作の遅延、震電開発中の九州飛行機への応援派遣取り止め等が主なものであった。

同時に航空本部からの完成時期要求も発表された。

供試体	十一月末	一機
滑空機	十一月末	二機
試作機	十二月中旬	一または二機
	十二月末	二機

試作機完成までわずかに四ヶ月、驚くほどの短期間であった。昭和十九年八月十八日には新設の設計室が完成し設計陣には巌谷資料がドイツ語原文のまま渡された。動力設計担当豊岡隆憲氏の記憶によればこのドイツ語翻訳が難航し、なかなか設計に取りかかれなかったという。また、ロケットエンジンとはいかなるものか高橋課長と豊岡氏は八月下旬にエンジン設計陣の持田勇吉技師を名古屋発動機研究所にたずね、エンジン本体と燃料について説明を受けた。八月二十八日には操縦席付近の木型審査の予定が組まれ、九月六日がそ

機体の設計・試作の実務を担当する三菱重工名古屋航空機製作所は高橋巳治郎第一設計課長を秋水のために新設した第六設計課にスライドさせ、八月十四日には十二名の技師・技手からなる秋水設計陣を編成した。

■三菱重工名古屋航空機製作所 秋水設計の陣容

疋田徹郎	（東大）	主翼、尾翼担当	
冨田章吉	（島根工）	主翼、尾翼担当	
原田金次	（名古屋市工芸）	主翼、尾翼担当	他図工三名
楢原敏彦	（名古屋高工）	胴体	他図工二名
土井定雄	（都島工）	兵装	他図工一名
蝦名 勇	（青森工）	艤装	他図工一名
今井 功	（熊本高工）	脚、橇	
中村 武	（千葉高工）	脚、橇	他図工三名
豊岡隆憲	（大分工）	動力	他図工二名
磯部保文	（金沢市工）	電装	（第一設計課兼務）
貞森俊一	（東大）	計算	

の完成予定日とされた。きびしい残暑の中での機体設計陣の苦闘が始まっていった。

　九月八日に行なわれた操縦席周りの木型審査の所見は、油圧設計担当中村武氏による「第一回試製秋水木型審査覚」からみることができる。

－本木型ハ独国Me一六三型ノ資料ニ基キ計画セラレタルニシテ座席狭隘、前側下方視界稍々不良ナルモ同項指示事項ヲ実行セバ実用ニ概ネ差支ナキモノト認ム－

　指示事項にはドイツ人よりも背が低いためか座席を30㎜上げてこれを起点とし、なお上下30㎜調整可能とすること、操縦席内甲液タンクと膝があたる部分を50㎜へこますこと、風房枠を50㎜後退させることなどがあげられた。豊岡氏の記憶によれば、この日さらに仕様および製作日程会議が行なわれたことになっている。仕様については海軍側が防弾鋼板、座席横甲液タンク、前縁翼内乙液タンクの除去を主張している。理由は総重量を軽くして上昇時間を短縮、航続時間をのばすことにあったという。これに対し陸軍側は防弾鋼板の除去と燃料を減らすことに強く反対、さらに操縦席の気密化要求したが、機体は海軍主導ということで了解せざるを得なかったという。しかし豊岡氏の記憶する海軍側の変更箇所は三菱製「試作機」、日本飛行機製「量産機」のどちらにも反映されなかった。三菱製の試作機にはへこみのある操縦席内甲液タンクと前縁翼内乙液タンクが装備されていたことが、不時着大破した後分解された試作一号機の調査資料から確認できる。またアメリカに現存する三菱製「試製秋水403號機」の操縦席内甲液タンクにもへこみがつけられている。昭和二十年七月、事故後の改修を行なった日本飛行機の図面でもこの点については試作機からの設計変更がされていない。残念ながら、豊岡氏の記憶を裏付ける資料はまだ見つかっていない。

　九月二十六日および二十七日には実物大の木型における審査が行なわれた。航空本部の巌谷中佐をはじめ、横空から小野大尉、空技廠からも企画部の隈元大尉ほか科学部、飛行機部など各部の部長、部員、また陸軍からも航空審査部の部員が出席するなど「秋水」への並々ならぬ意気込みがうかがえる。木型審査に先立って行なわれた「試製秋水計画審査」では以下の成果および所見が述べられている。

　計画審査
　成果並びに所見
（イ）本機の急速なる戦力化を図るため速やかに木型審査を実施し計画を促進せしめ差し支えなきものとみとむ
（ロ）本機型式に鑑み重心位置に関しては更に研究を要するも差し当たり15.4ないし18.5％になすを要す
（ハ）本機の使用方法を考慮し電波誘導機、離陸促進装置装備可能なるごとく考慮
（ニ）薬液搭載法に関しては慎重研究の上、危険防止に万全の処置を講ずるの要あり

　この後、詳細箇所に関し空技廠との緊密な連絡をとりながら速やかに研究するよう決定されている。なお、（ロ）の重心について戦後まとめられた資料のなかで高橋技師は「Me163と同じ外形に作ろうとしたがMe163は胴体先端が防弾鋼板で重量が大きいが、我国ではこのように整形する防弾鋼板は作れずジュラルミン板で制作したためと、胴体前部にある無線機も我国のものは容積が大きいが軽量で、さらに胴体前端の風車発電機も制作不可能により装備できなかったため重心はかなり後方になり、胴体前端に120kg程度のバ

ラストを積む改造が必要であった」と回想している。後の話になるが、戦局が絶望的になってきた頃、秋水隊の高田幸雄中尉は副司令の山下正雄少佐から「秋水の前端に60kgの爆薬を積んでB-29の編隊の真ん中で爆破スイッチを押す」という特攻方法について打診されている。「ただでさえ航続距離が短い秋水にそんなもの積んだら、とても攻撃などできません！」思わず反撃した高田中尉は「何を、生意気な」と殴られるのを覚悟した。しかし山下少佐は横を向いてうつむきながら「だって、しょうがねいじゃ、ねいか」とつぶやくように応えたという。「山下さんも、せっかくの秋水を特攻なんかに使いたくなかったようです」と高田氏は筆者に語ってくれた。しかし、彼らの思いとは別の冷徹さを持ってバラスト代わりの爆薬を搭載する計画があったことも事実であった。また（ハ）に関しては柴田司令の回想録に秋水基地は半地下壕にして離陸促進用補助ロケットを装備した秋水をカタパルト発進、レーダー誘導でB-29編隊を捕捉する計画があったとかかれており、この計画審査の段階である程度、攻撃方法が想定されていたことがわかる。

計画審査、木型審査は終了したものの設計者たちの体力気力は限界を超え、連日の残業を減らしたこともあり図面は遅れはじめた。十一月中旬に至っても、供試機、滑空機、完備機のいずれも完成の目処は立たなかった。陸海軍の督促は厳しくなり、十一月十七日には試製秋水製作促進会議が行なわれた。ここでの「決議事項」には軍のかなり切迫した状況を読み取れる。

　決議事項
（イ）本機のごとき性能斬新なる邀撃戦闘機の急速出現の要望大なる現戦局に鑑み更に官民連絡を密にし本機の玉成に努力するを要す

（ロ）本機の完成予定は左の通りとし今後生起すべき難関はその都度速やかに解決し予定の厳守に努力するを要す（原文ママ）

滑空機	一號	十二月十五日
滑空機	二號	十二月二十日
供試機		十二月二十五日
供試翼		一月十日
完備機	一號	十二月末
完備機	二號	一月五日
完備機	三號	一月十五日
完備機	四號	一月二十日

決議事項からはとにかく急げという強硬な要求のもと、完備機については、ほとんど実現不可能な日程が組まれた。さらに、ここにきて供試機よりも滑空機の完成予定が早められている。これは滑空機の完成が優先されたわけではなく、滑空機には燃料タンク、兵装がないため供試機よりも早く完成できるためであった。

十二月一日、第一回構造審査が組立行程約60％の重滑空機について行なわれ、その結果は良好であったが、重滑空機であるため動力艤装（燃料タンク関係）、電気艤装に関しては完備機一号機が準備でき次第行なうとしている。改善事項は配管について、パッキンの気密性の低さが指摘されている。ただ中村氏の資料が概ね油圧関係のみであるため他の箇所の改善事項は明らかでない。

十二月七日には尾張三河地方に大きな地震が起きた。機体の損傷はなかったが、胴体・主翼の治具に狂いが生じた。胴体・主翼を治具から下ろし治具の検査・修正をしなければならなかった。さらに地震の被害はガス・水道にも及び交通機関、住宅などにも大きな被害が出た。第六設計室も天井の約1/3が落下しガラス窓も多数割れたままであった。大地震の影響の残る中、必死の作業が続き十一月

十七日に立てた予定からわずか三日遅れただけで、十二月十八日、重滑空機の完成審査にこぎつけた。しかし、完成審査といいながら実態はまだまだ未完成であった。さらに追い討ちをかけるように、当日午後B-29による名古屋航空機製作所への大規模空襲が行なわれ、審査自体も中断となった。この間の動きは中村氏の資料が生々しく伝えている。

秋水重滑空機完成審査
時　昭和十九年十二月十八日
所　三菱　試作工場（空襲警報　待避）

成果並び所見
一、本機は未だ完成の域に達しているとは認め難きを以て別記未完成箇所の不具合箇所を至急完成するを要す
二、本機は現戦局に鑑み速やかに解体の上「トラック」を以て空技廠に運搬し翼の保安荷重試験、重心測定並に各部機能試験を完了の上、空技廠に於いて改めて完成審査を実施す
三、次回の完成審査を十二月二十八日に予定す

未完成箇所
一、風防開閉装置
二、油圧配管一部
三、尾輪覆取付かず
四、胴体内燃料槽取付不能
五、脚切換弁（漏洩止らず）

機体、関係部品を運んだトラック便とは別に中村技師は、十二月二十二日汽車により横須賀の空技廠へ向かった。夕刻、空技廠に到着するや徹夜で配管を完了させた。二十三日より二十七日まで不具合の改修と平行して主翼荷重試験、重量重心測定が行なわれた。二十八日の完成審査では、必死の作業にもかかわらず、未完成箇所、不具合箇所が各部にみられ、このままでは試飛行の見込みは立たないとの成績に、翌二十年一月二日に第二回完成審査を行なうこととなった。年末まで行なわれた改修は十二月三十日の徹夜作業を持ってとりあえず終了し、年明けの完成審査を待つことにした。明けて一月二日、第二回完成審査において細かい不具合があったが概ね良好とされ、試飛行の予定が立てられた。

工事完　　一月二日
発送　　　一月三日（百里空へ向けて）
組立整備　一月四日～六日
初飛行　　一月八日　十時より

こうして、重滑空機は再び分解されトラックに積み込まれ、初飛行の地となる百里原基地に向かって出発していった。

百里原基地では前年の十二月二十六日、病気療養のため入院した小野隊長に代わって犬塚大尉が空技廠が完成させた軽滑空機「秋草」（MXY8）の初飛行を行なっていた。空技廠では巌谷資料から翼の線図を導きだした越野長次郎部員のもとMe163Bの飛行特性を確認すると同時に搭乗員の訓練用として、全木製羽布張りのグライダーを設計製作していた。冬晴れの百里基地を艦上攻撃機「天山」に曳航された軽滑空機一号機は見事に離陸した。曳

写真1　「軽滑空機」（→p.53)

航索から離れ基地上空を旋回、特殊飛行もこなした後に着陸。「とにかく嬉しかったです。初めて空技廠で模型を見せられたときは、本当にこんなものが飛ぶのかと思っていましたから。誰もみんな、追いつきもしないのに犬塚分隊長の操縦する軽滑空機をおーい、おーいと子供のように手を振りながら追いかけていきました」グライダーとはいえ初めてみる「秋水」の見事な飛行に秋水隊員たちの目には光るものがあったという。

次はいよいよ重滑空機の番だ。初飛行に立ち会った中村氏の「出張報告」から再現してみる。作動試験はすべて橇、車輪投下装置、尾輪などの油圧に関する試験である。漏れが激しく規定の圧力が保てないため作動に支障がおきていることがわかる。

写真2 『天山』に曳航され、離陸する「重滑空機」(→p.53)

```
一月八日
 八時三十分　磯辺技師の講議
   重滑空機　ウマヲカッタ状態にて一回作
   動試験実施、異状なし
   風防応急離脱実施
 十一時頃　飛行場に運搬（隊の手により）
   運搬時状況
   オレオ初圧十五気圧　前尾脚共行程せず
   （重量上これにて可）
   不時車輪投下弁ロックワイヤにて固縛
   九十気圧注気せるも著しく降下
 十三時　現場へ到着せし時の状況
   1. オレオ行程しあり
   2. 不時車輪投棄弁ロックワイヤ外しあり
```

この後、発進間際まで油圧関係のトラブルをその都度、解消しながら十四時二十分初飛行を迎えた。軽滑空機の時と同じく天山に曳航された重滑空機が滑走していく。離陸に成功した後、車輪投下、橇、尾輪の収納など予定通り成功し1700mまで上昇、曳航機より離脱し二時三十五分、無事着陸した。しかし第四旋回、橇が出るのと同時に、本来収納されたままのはずである尾輪が出てしまった。着陸後機構をチェックしたが問題がなく、操縦者の犬塚大尉に確認したところ操作の誤りであったため、以後は間違いが起きないような操作手順に改めることが決められた。飛行に関する所見は、諸舵の利き、安定、釣合ともに良好であった。犬塚大尉によれば練習用軽滑空機とほとんど変わりない状態であり、重滑空機二号機の製作を急ぐ必要はなく、完備機一号機の製作を急ぐという結論になった。ただ予想と異なったのは、離陸時に釣合舵を軽滑空機の経験から－20度としたが実際には－4～－5度が適当であり、これは風洞試験の成績に近いものであった。その後の試験飛行時に滑空速度を160km/h以上にすると、補助翼に振動が起きた。対策として主翼補助翼の間隔を小さくすることと補助翼端の平衡部を少し切り取り解決した。

相変わらず油圧系統の不具合は、なかなか解消されなかったが暫時、供試機、完備機を使った強度試験、振動試験が行なわれていった。途中、動翼類をアルミニウム節約のためブリキ製にしてみたがことどく強度不足となり全面改修となった。また、主翼は設計を急ぎかつ人手不足のため従来の飛行機同様背面飛行の荷重を詳しく計算しないで設計を進め

た。しかし後に詳細に強度計算したところ、秋水は主翼振り下げが6度あり、翼端部にのみ荷重が集中し主翼のほとんど全部が背面飛行の標定荷重になる状態であったため、要求保安強度を達成できなかった。全面改修を行なったが試作機に反映できる時間的余裕はなく、使用を制限して実験を進めることとした。

　二月末、エンジンは未だ完成していないため、ダミーを用意してようやく工場完成に近い状態となった。しかし、名古屋は空襲を受け続けていたため三月十二日、空技廠へ送り三月十六日にエンジンなしのまま中間審査を行なった。審査結果は、重量については計画とほとんど一致、重心は計画より0.4％後方となった。小改修を行なうため夏島の防空壕へ入れ、残工事を行なうこととなった。

　一向に完成しない秋水に対し軍中央の熱はしだいに醒めていき、部品の供給にさえ不足が生じてきていた。三一二空司令柴田武雄大佐は何としても一度秋水を飛行させ、再び最

写真3　柴田武雄大佐（→p.60）

優先開発機にしなければと、四月十一日に試飛行会議を開くこととした。会議席上、機体は完備状態の強度試験機いわゆる0号機を使い、七分間の全力運転が達成できないエンジンは二分間の全力運転ができれば可として試飛行を行なうとする旨が告げられた。司令の大局から判断した結果での発言は理解できても、あまりに無茶な要求に廣瀬大尉をはじめ空技廠、三菱の関係者も一同反対した。しかし、反対意見は受け入れられず四月二十二日を試飛行の日と決定された。結局、山北のロケットエンジンに爆発事故が起きたため試飛行の予定は大幅にずれ込むこととなった。その間に完備試作一号機「三菱製試製秋水第201号機」、完備試作二号機「三菱製試製秋水第302号機」が完備されていった。また試作機の製作と平行して量産機の製作も進められていた。日本飛行機富岡製作所（神奈川県）で製作されていた機体は空襲によって中断し完備機を送り出せなかったが、秘匿名称扶桑101工場と呼ばれた日本飛行機山形工場では六月末についに一号機の完備にこぎつけた。祝賀会の後、分解された機体は工員とともに追浜に運ばれていった。六月に入りエンジンに目処がたった頃、「302号機」は陸軍の柏基地に運ばれロケットエンジンの完成を待つこととなった。いっぽう、海軍側は「201号機」で試飛行を行なうべく最終的な整備を進めていった。後は試験飛行をくり返し行ない各種データを取った上で、改修・改善を行なうこととなった。しかし、試飛行時の不時着大破、続く終戦と完全なる完成機体となる前に秋水はその幕を閉じた。　■

写真4　空技廠のロケット実験場（→p.65）

三一二空開隊
The 312th Air Group's Birth

昭和二十年二月五日、実験隊を拡充した秋水実戦部隊「三一二空」が開隊した。横空に本部を置き、訓練部隊は霞空、秋水の燃料関係を厚木基地、ロケットエンジン実験場の山北にも派遣隊を置いた。

124

124：三一二空司令、柴田武雄大佐。海軍兵学校五十二期生。戦闘機搭乗員出身で『零戦』の開発に絡み同期の源田実とかわした論争は有名。

三一二海軍航空隊の発足
昭和二十年二月、「横空百里原派遣隊」を拡大させて「三一二海軍航空隊」を開隊、「秋水隊」は三一二空に吸収されることになった。

三一二空本部（横空内に在リ）	
指令	柴田武雄大佐
第1分隊長	犬塚大尉（兵70期）
第2分隊長	広瀬大尉（機52期）
兵器分隊長	白根大尉（兵72期）
整備主任	隅元少佐（機45期）
三一二空霞空隊（滑空訓練）	
飛行長	山下少佐
飛行隊長	山形少佐
隊長付	小野少佐
整備主任	松嶋大尉（機48期）
第6分隊長（飛行）	山崎大尉（兵70期）
分隊長付	清水中尉（兵72期）
整備分隊長	金杉大尉（機52期）
厚木空（薬物貯蔵基地建設隊）	
分隊長	前川大尉（機52期）
三一二空山北分遣隊（空技廠実験場・神奈川県内山村）	
隊長	前川大尉
隊付	西村大尉（予備、廣瀬大尉より先任）

125

126

127

125：秋水隊使用機だった零戦二一型。二人、三人と訓練を休んでは、近隣の航空隊から零戦を譲り受けてきた。「どれもみんなオンボロでした」笑いながら鈴木晴利氏は語った。

126：尻尾のない零戦。尾部のビスが老朽化して変型していた。尾輪を引き込むと変型のため尾輪が上がりすぎて方向舵にあたってしまう。仕方なく整備兵が尾部の先端を取り外してしまった。「あんまり飛行には差し支えませんでしたよ」と高田幸雄氏は笑う。

127：複座の零式練習戦闘機一一型。写真撮影のため操縦者は寒いのをこらえながら風防をあけて飛行したという。

128：こちらは脚カバーのない零戦。操縦者は松本俊三郎少尉。

129：こちらも脚カバーのない零戦。「オンボロでも戦闘機乗りですから零戦に乗るのは楽しかったです」と三角秀敏氏は懐かしそうに回想する。

130：春の霞空にて。射撃訓練に発進する直前の零戦五二型。九三中練と零戦との速度差がちょうど、B-29と秋水との速度差に比例すると考え、九三中練の引く吹き流しを零戦で射撃した。

131

126 (p.60) : A Zero with no tail cone. Screws in the tail had corroded, causing it to warp and interfere with rudder operation when the tail wheel was retracted. Mechanics' solution was to simply remove the whole tail cone. Sachio Takada humorously recalls, "It really didn't interfere that much with flight."

127 (p.60) : A Type 11 Zero Fighter two-seat trainer. The pilot endures the cold of an open canopy for in-flight photography.

128 (p.61) : A Zero Fighter without its landing gear doors. The pilot is Ensign Shunzaburo Matsumoto.

129 (p.61) : Another Zero Fighter without its landing gear doors. "Even though they were in poor condition, flying in a Zero Fighter was always enjoyable, because it was a fighter," says Hidetoshi Misumi.

130 (p.61) : A Type 52 Zero Fighter, immediately before taking off for live fire training. The difference in speed between a Type 93 Intermediate Trainer and a Zero Fighter was thought to be proportionate to the speed difference between a Shusui and a B-29, so training was carried out with the Zero Fighter firing at a pennant towed by the Type 93 Intermediate Trainer.

131 : The maintenance crew carries out a test run. Under the direction of Maintenance Crew Chief Hirose, the maintenance skills of the 312th Naval Air Group were said to be high.

132 : A Hikari 6-2 Training Glider, used in glide training. Although the Shusui Air Group members were abruptly introduced to this type, all members could fly it without difficulty.

133 : Shusui Air Group members, after completing glider training. In front is First Lieutenant Narita, with First Lieutenant Shinsaku Chigira in back.

132

62 | 秋水 *Rocket Fighter Shusui*

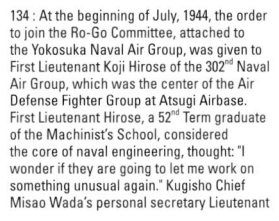

134 : At the beginning of July, 1944, the order to join the Ro-Go Committee, attached to the Yokosuka Naval Air Group, was given to First Lieutenant Koji Hirose of the 302nd Naval Air Group, which was the center of the Air Defense Fighter Group at Atsugi Airbase. First Lieutenant Hirose, a 52nd Term graduate of the Machinist's School, considered the core of naval engineering, thought: "I wonder if they are going to let me work on something unusual again." Kugisho Chief Misao Wada's personal secretary Lieutenant Katsuhiko Kumamoto related that "Ro-Go" meant "rocket." The "Ro-Go Committee" was therefore established to carry out rocket research.

135 : A commemorative photo of Lieutenant Commander Kumamoto and his family (after his promotion on November 1st) on the way from Yokosuka Airfield to Hyakurigahara Airfield. First Lieutenant Hirose is standing in the center.

131：試運転を行なう整備員たち。三一二空の整備員は廣瀬整備分隊長の元、概して整備技量が高かったという。

132：滑空定着訓練に使われた「光六・二型」グライダー。秋水隊員はプライマリー、セカンダリーでの訓練を飛ばして、いきなりソアラーである「光六・二」に乗ったが、全員が問題なく飛行できた。

133：グライダー訓練を終えた秋水隊員たち。手前、成田中尉、その奥、千木良晋作中尉。二人の向こうに「光六・二」型二号機が見える。

134：昭和十九年七月初旬、厚木基地に主力を置く防空戦闘機隊三〇二空の廣瀬行二中尉のもとに「横須賀航空隊付呂號委員」という辞令が届いた。海軍エンジニアの中核である機関学校五十二期出身の廣瀬中尉は「また何か変わったものをやらされるのかな」と思ったという。さっそく、横空へ移動し副長に着任の挨拶をした廣瀬中尉は「呂號委員とはなにをするのですか」と聞いてみたが、副長は「そんなものは知らん」とつれない返事であった。しかたなく、前職から数日を第一飛行隊で過ごした廣瀬中尉のもとに同じ敷地内にある「空技廠」から「何をしているんだすぐに来い」と呼び出しがかった。そこで和田操空技廠長の秘書官を勤めていた隈元勝彦大尉が「呂號」の意味が「ロケット」であることを教えてくれた。そのロケットの研究をするのが「呂號委員」であった。

135：横空から百里空へ向かう途中、隈元少佐宅（十一月一日付進級）にての記念撮影。中央に立つのが廣瀬中尉。「スラッと背が高く。仕事にはきびしいが、あとはざっくばらんな方でした。いろいろ面白い話を聞かせてもらいました」と予学十三期の高田幸雄氏は、廣瀬中尉のことを回想する。

秋水隊整備分隊
The Shusui Group's Maintenance Unit

秋水隊に用意された機材はどれも使い古しが多かったが、
廣瀬整備分隊長を中心に技術と工夫で稼働率をあげていった。

136：整備の要である廣瀬大尉。横空、霞空、山北とサイドカーで移動する日々が続いた。

137：整備の実動部隊、整備兵たち。

138：山北実験場に向かう途中の酒匂川にかかる橋の上で。上整曹たち。

139：同じく実験場建築事務所となっていた保福寺の山門にて。彼らは廣瀬大尉からロケットエンジンの講義を受けていた。

140：山北実験場建設事務所とした保福寺の本堂前にて。左、空技廠噴進部の藤平右近技術少佐、右、現場責任者の横手技手。研究者主体の空技廠では実験場建設は困難だった。見かねた三一二空の廣瀬大尉が司令の許可をとり、200人近くの兵隊とともにトラックの通れる道を造り、実験場建設にあたった。

141：『特呂二號ロケットエンジン』と実験場。爆発事故後の撮影。エンジン本体よりも後方の施設が破壊されていることから、漏れた甲液が何かと反応、爆発したものと思われる。場所は空技廠の夏島の実験場ともいわれている。

142：山北実験場の壁に張られていた「KR-10 特呂二號」の解説図。廣瀬大尉によるロケットエンジンの講義も行なわれていた。

64 | 秋水 *Rocket Fighter Shusui*

空技廠秘密ロケット実験場 —山北—

Yamakita: The Kugisho's Secret Rocket Experimentation Base

ロケットエンジン開発の担当は陸軍であったが、「陸軍に任せていたら、いつ完成するかわからない」と懸念した海軍は空襲の恐れの出てきた空技廠のロケット実験場を神奈川県山北に新設、独自に開発を開始した。山北選定の根拠は、すぐ近くに過酸化水素を生産する「江戸川化学山北工場」が近くにあったからだ。

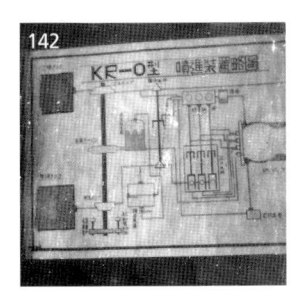

143：昭和二十年四月下旬、「山北へ行ってロケットエンジンの実験を見てこい」といわれた少尉たちは山北へ向かった。右から三谷、松本豊次、鈴木、堀谷の各少尉。清水敦大尉。松本俊三郎、小菅、高田、梶山の各少尉。

144：「海軍さんが来た！」と村の子供たちは大はしゃぎ。直立不同の姿勢が愛らしい。後列左から三谷、小菅、高田の各少尉。

136 : Lieutenant Hirose, the most important member of the maintenance crew. He spent many days riding in a motorcycle sidecar between Yokosuka Airfield, Kasumigaura Airfield, and the Yamakita test site.

137 : The maintenance crew.

138 : The maintenance crew, crossing the Sakawagawa river on their way to the Yamakita test site.

「未知の領域へ ——特呂二號ロケットエンジン」
特呂二号ロケットエンジン製作過程について

　Me163Bの特長は独特の後退翼を持った機体形状もさることながら、やはり小型で大出力を実現したロケットエンジンにある。ワルターの開発した薬液式ロケットエンジンは精密機械のようなレシプロエンジンに比べ部品数、製作にあたる行程数は極端に少ない。資源に乏しく火急を要するB-29対策を考えた時、日本陸海軍がその国産化に飛びつくのは無理からぬことだった。しかし、基礎研究を積み重ねてきた工業国ドイツと違い、工作技術、加工技術、また素材の純度に関する化学工業技術など日本では基礎的技術に困難な問題が多発した。明治維新以来、先進工業技術の成果のみを輸入し近代化してきた日本の限界を象徴するアダバナだったともいえるかも知れない。

　昭和十九年七月二十九日、三菱重工名古屋発動機研究所研究部研究課の持田勇吉技師は稲生光吉所長に突然呼び出され、驚くような命令を受けた。

　「現在進めているディーゼルエンジンの設計は即刻中止し、代わりに陸海軍が共同開発することになった局地防空戦闘機用ロケットエンジンの開発にとりかかること」

　遠距離攻撃機用ディーゼルエンジンを中止して防空戦闘機用ロケットエンジンを設計せよ、とは攻守が180度入れ代わり、なかなか頭を切り替えられなかった。その夜もう一度、稲生所長よりさらに詳しく現在の戦局や防空戦闘機の緊急性について聞かされ、ようやく持田技師も新型機試作の決意を固めた。翌日から二日間で今までの仕事を整理して、八月一日より未知のロケットエンジンの設計に取りかかった。持田技師に渡された巖谷資料はB4版二十頁ほどのロケットエンジンの燃料噴射弁数種類についての燃焼比較試験速報で、その前半にエンジンの原理と構造の概略が記してあるだけだった。持田技師は何度もこの資料を読み返すことによって、原理のつじつまを合わせ、結果からその過程を導き出すという離れ業を演じた。持田技師はロケットエンジンを装置ごとに分けそれぞれ設計班を編成することとした。

■特呂二号ロケットエンジン設計部隊
総　括　　持田勇吉
動力装置　田島孝治、望月卓郎
調量装置　川原田春夫
調圧装置　伊藤雄幸
蒸気発生器　多和田義一
燃焼装置　牧野育雄　鈴木敏雄　田口雄幸
噴射器　　不明
噴射実験　服部益也　三浦克之　小栗正哉

　特呂二号は機体の燃料タンク内に貯えた燃料とその酸化剤を燃焼室内で高速で混合燃焼させることにより高温高圧ガスをつくり出し、燃焼室のノズルから高速で噴射させて、その反動力で推進するものである。動力装置とはタービンポンプのことでポンプ中央のタービ

ンの回転により両サイドの遠心ポンプが回り規定量の薬液を送りだす装置である。調量装置は二液の噴射圧力を噴射比に沿って一定に保つ装置である。エンジン起動用の電気モーターが回ると酸化剤である甲液の一部が調圧装置をへて蒸気発生器に入り触媒と反応して高温蒸気となり中央タービンを回転させて機体外に出ていく。回転数が6000rpmまで上がるとタービンは自力運転が可能になる。燃焼装置内には合計十二個の噴射弁があり一段、二段、三段と三段階でそれぞれ、2、2＋4、2＋4＋6、の順に噴射弁が開き推力の調節ができる。資料の足りない部分は結果から想像で導きだし、構造のブランクを埋めていった。したがって原型のワルターエンジンHWK109-509Aとは相当に異なるものとなった。
「持田さんがだいたいの該略図を書いて各担当に渡して、それを我々が図面にしていきました。持田さんは本当に苦労されたと思います」
燃焼装置担当だった牧野育雄氏は、当事を思い出しながら筆者に語ってくれた。

■秋水ロケットエンジン　主要目
名称：陸軍／特呂二号
　　　　特呂は特殊ロケットの略
　　　海軍／KR-10
　　　　KRはくすりロケットの略
　　　昭和二十年六月頃より「特呂二号」が陸海軍統一名称になる
全長：約2500㎜
全幅：約900㎜
全高：約600㎜
全重量：170kg
最大推力：1500kg
最小推力：100kg
タービンポンプ回転数：14500rpm
起動電源機：24V・1kW

■薬液
a）甲液（酸化剤）比重1.36（15℃にて）
　　過酸化水素の80％の水溶液に安定剤として8オキシキノリンおよびピロ燐酸ソーダなどを添加
b）乙液（燃料）比重0.90（15℃にて）
　　水化ヒドラジン30％
　　メタノール　57％
　　水　13％
　　反応促進剤として乙液1リットルに対して銅シアン化カリを2.5g添加
　　甲液：乙液（混合比（重量）10：3.6
c）甲液分解用触媒
　　二酸化マンガン、過マンガン酸カリ、苛性ソーダなどをセメントで約8㎜角の六面体に固めた。

八月一日から開始されたエンジン設計は持田技師を中心に全員が泊まり込みを続け、わずか二十日間で主要部分の出図を完了した。毎晩十二時から翌一時まで設計を続けそのまま設計室に椅子を並べてゴロ寝、ときどきは宿直室で布団に寝かしてもらう。朝は六時半に起き、七時三十分から仕事を開始。一晩徹夜はざらにあり、出図間際には二晩徹夜もするという過酷な体制であった。主要部分に続き八月末には、配管・架構などの全図面出図を完了した。
この図面によりロケットエンジンの燃焼実験を担当したのが三菱重工長崎兵器製作所（長兵）であった。長兵では特呂二号以前にもロケットエンジンの燃焼実験の経験があり、知識、設備、データともに国内随一だった。当初長兵でおこなわれた燃焼実験ではタービンポンプを使わず、甲液乙液を空気圧で圧送する方式のものだった。この燃焼実験の全力運転は昭和十九年十一月には成功した。いっぽう、ロケットエンジンの特徴である動力装置は予定の性能が達成できず。設計、試作は困難を極めていた。一本軸の中央のタービン

ポンプが回り両側にある甲液、乙液用遠心扇車式ポンプを回すことにより両液を30気圧まで加圧するものであったが、1万5000回転する遠心扇車の外形はわずかに約100㎜しかなく、これによって甲液毎秒6.2㎏、乙液毎秒2.1㎏を処理するポンプは国内外の教科書や専門書にも例がなかった。そこで九州大学工学部葛西泰二郎教授の指導のもと扇車側面を逆流する量が多いので対策として複雑なラビリンス構造の採用、キャビテーション防止のための入り口角と翼端形状の改良などを行なった。
また、規定の30気圧まで加圧するためには一段の遠心扇車では力不足のため、前翼を増設して二段加圧方式をとったとされている。この前翼は巖谷中佐資料のスケッチには描かれておらず、日本側が苦労して研究採用したとされている。ところが筆者が見たHWK-109-509Aエンジンのカットモデルには前翼があり、当初からドイツでも二段加圧方式を採用していたと思われる。巖谷中佐がHWK-109-509Aエンジンの、どのバージョンについて実物調査し、説明を受けたのかは、現在では不明であるため、なぜスケッチから前翼が漏

れていたのかも謎のままとなってしまった。
　昭和十九年十二月十三日、三菱重工名古屋発動機研究所はB-29による大規模な空襲を受けた。持田技師らは無事であったが、ロケット実験場は破壊されてしまった。翌日、海軍の藤平右近大尉に相談すると、追浜の空技廠にロケット実験場が完成したのですぐに実験を再開できるという。さっそく、深尾淳二常務に相談、「即刻、追浜へ移動せよ」との言葉に追浜への移動を決意した。持田技師はその日の内に列車で先発し試作機、実験装置、設計道具、設計陣を乗せたトラック8台が後を追った。ところが、トラックが空技廠へ入ろうとしたところで陸軍からクレームがついた。ロケットエンジンの主務は陸軍なので現在陸軍がロケットエンジン実験場を建設している松本へ移動せよというものだった。まだ何もできていない松本に行っても試作が遅れるだけだとの思いを胸に、持田技師はひとり立川の陸軍技術研究所に繪野沢静一中将訪ねた。中将は持田技師の訴えを黙って聞き一言いった。
　「とりあえず海軍の設備使用を許可する。た

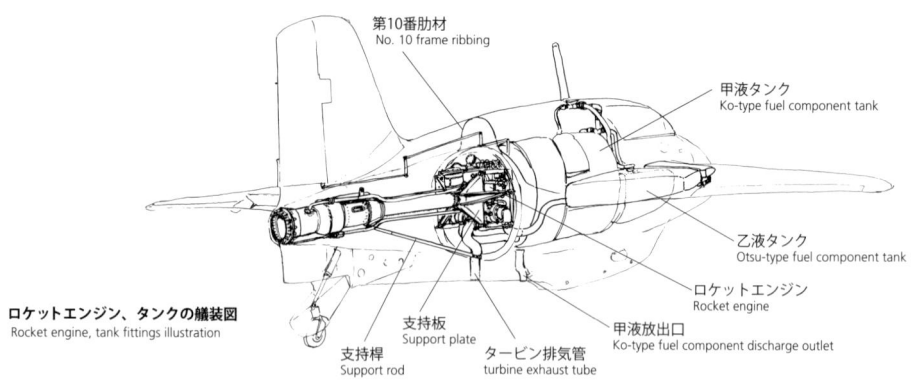

ロケットエンジン、タンクの艤装図
Rocket engine, tank fittings illustration

第10番肋材 / No. 10 frame ribbing
甲液タンク / Ko-type fuel component tank
乙液タンク / Otsu-type fuel component tank
ロケットエンジン / Rocket engine
甲液放出口 / Ko-type fuel component discharge outlet
タービン排気管 / turbine exhaust tube
支持板 / Support plate
支持桿 / Support rod

　秋水の強力な推進力を生む心臓部がロケットエンジン・陸軍名称「特呂二号」（海軍名称「KR10」）であり、過酸化水素型ロケットエンジンとよばれる。
　「特呂二号」は燃料に相当する乙液（C液）と酸化材に相当する甲液（T液）を、それぞれ別にポンプで加圧して所定の混合比により燃焼室へ噴射し、二種の液の爆発的な反応により生ずる高温高圧ガスを噴出して推力を得るものである。多量に消費する薬液を送り続けるために、過酸化水素を触媒により分解して生じる蒸気で駆動する小型の

タービンポンプが用意された。
　ロケットエンジンのおおまかな構成は以下の通りである。
・タービンとポンプの組み合わせによるタービンポンプ装置
・タービンを駆動させる蒸気の発生装置
・蒸気圧を制御する調圧装置
・燃焼装置
・燃焼室への薬液噴出量を制御する調量装置
　各動力装置に架構、支持筒、支持桿とが一体となり構成されている。飛行機

尾部に燃焼装置が位置するために長い支持筒により保持され、ロケットエンジンの制御は調量装置と調圧装置とをリンクして1本にまとめたものが操縦席のスロットルレバーに接続された。調圧装置により蒸気発生器へ送る甲液の吐出量を変化させてタービンポンプの流量を操作し、ポンプから送られた甲液・乙液を調量管の3つの噴射管から段階的に吐出させることで燃焼を3段階に制御した。

秋水の薬液

甲液
　過酸化水素水溶液で、少量の8オキシキノリン、ピロ燐酸ソーダ等を添加されている。皮膚に付着すれば火傷のような症状が起き、アルミニウムや錫では安全だが有機物や銅、鉛に触れれば発熱、発火や爆発の危険性を帯びており、保管や取り扱いには万全の注意がなされた。

乙液
　水化ヒドラジンとメタノール、水との溶液に銅シアン化カリを混入したもの。水化ヒドラジンは甲液との反応の際に分解の促進と熱エネルギーの供給を行ない、メタノールは燃料として推力の発生源であった。水は燃焼の強度をやわらげた。甲液ほどではないが人体に多少の害を及ぼすために、取り扱いにはやや注意されたという。

甲液分解用触媒
　二酸化マンガン、過マンガン酸カリ、苛性ソーダなどを練り固めたもの。蒸気発生装置に用いられ、その触媒容量は2リットルであった。

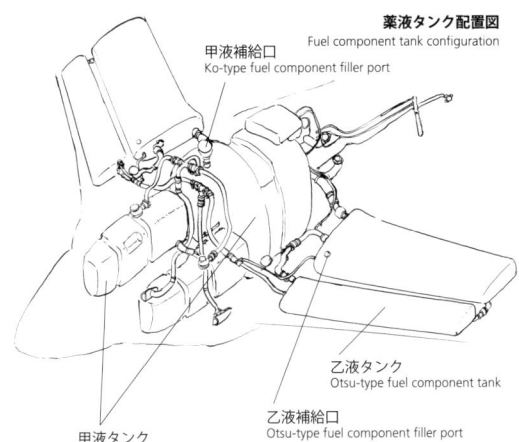

薬液タンク配置図
Fuel component tank configuration

甲液補給口 / Ko-type fuel component filler port
乙液タンク / Otsu-type fuel component tank
乙液補給口 / Otsu-type fuel component filler port
甲液タンク / Ko-type fuel component tank

だし、松本の設備ができ次第、移動すること」
　こうして十二月下旬から追浜での設計、試作、実験が開始された。三月頃にはようやく動力装置も予定の性能を達成したが、各所に故障が続出した。配管溶接部からの漏えい、高温による燃焼室溶解、着火遅れによる爆発事故などが起きた。
　松本に陸軍のロケット実験場が完成したので、昭和二十年四月から五月にかけて三菱設計陣は松本に移動した。いっぽう、ロケットエンジン開発を陸軍だけに任せてはおけないと、海軍は空技廠のロケット実験場を神奈川県山北村内山地区に建設した。建設にあたっては空技廠の丹野中尉が担当者として実験場予定地のそばにある保福寺を事務所として工事を進めていた。しかし、空技廠の一担当者では山を切り開き道を作り、実験場を建設することには無理があった。村民や国民学校生徒も動員したが、なかなか進展しなかった。見かねた三一二空の廣瀬大尉が柴田司令に進言、即断で許可を得ると二百人ばかりの兵隊とともに実験場を完成させた。山北の実験場では爆発の危険がある甲液を「たぬき瓶」と呼ばれるガラス製の容器に入れその周りを竹籠で編んだ。甲液瓶は底の浅いプールに並べて貯蔵し、プールには近くの用水路から引いた水を、常に流して温度を一定に保っていた。屋根もワラで覆い直射日光を避けた。近くの酒匂川沿いに過酸化水素を製造していた江戸川科学の工場があったので、山北が選ばれたといわれている。戦後、海軍が引き上げた後にその実験場は新制の中学校として利用され、甲液用プールで泳いだこともあったという。現在では住宅地となり、わずかに甲液用プールに引かれた用水路が往時の面影を残すのみである。
　実験は続けられたが、遠心扇車の改良により危険回転数が低下した。この対策に三菱は軸を太くしたKR-20型、海軍は広工廠が二点から三点に支持を増やしたKR-22型を設計試作したが、KR-22は爆発事故を起こした。甲液が、増やした支持のグリースと反応したためであった。しかし、その後も開発は両方とも平行して進められた。
　六月十二日、山北で三分間の全力運転に成功。続く十三日には松本でも全力運転に成功した。六月三十日、山北のエンジンを空技廠の夏島実験場に移送。松本のエンジンは陸軍柏基地へ運ばれた。七月四日に「試製秋水201号機」に山北エンジンが積み込まれた。

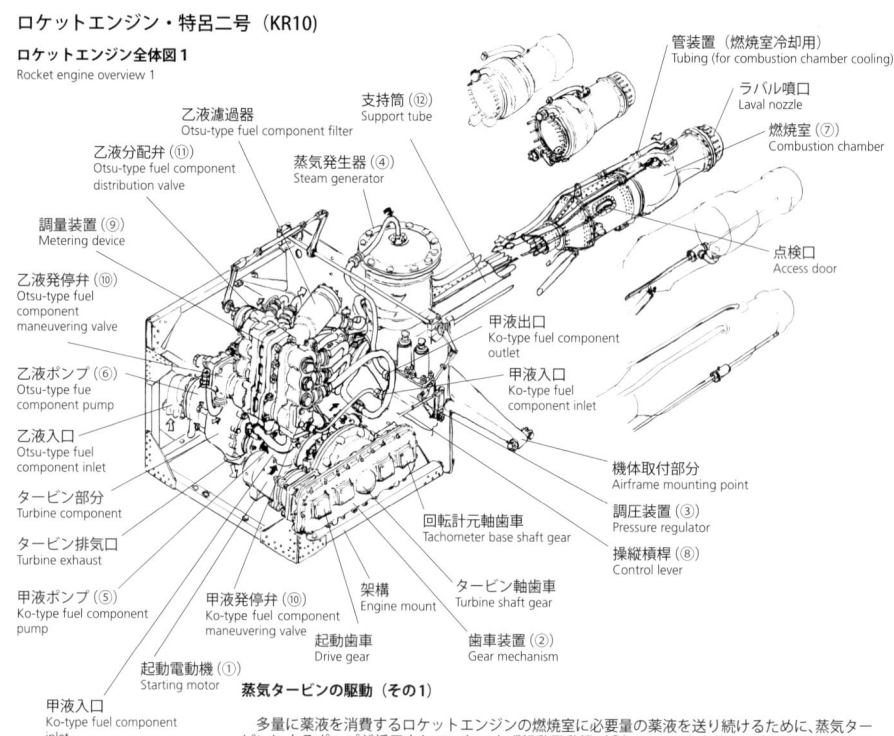

ロケットエンジン・特呂二号（KR10）

ロケットエンジン全体図1
Rocket engine overview 1

管装置（燃焼室冷却用）
Tubing (for combustion chamber cooling)

ラバル噴口
Laval nozzle

燃焼室（⑦）
Combustion chamber

乙液濾過器
Otsu-type fuel component filter

乙液分配弁（⑪）
Otsu-type fuel component distribution valve

支持筒（⑫）
Support tube

蒸気発生器（④）
Steam generator

点検口
Access door

調量装置（⑨）
Metering device

甲液出口
Ko-type fuel component outlet

乙液発停弁（⑩）
Otsu-type fuel component maneuvering valve

甲液入口
Ko-type fuel component inlet

乙液ポンプ（⑥）
Otsu-type fue component pump

乙液入口
Otsu-type fuel component inlet

機体取付部分
Airframe mounting point

タービン部分
Turbine component

調圧装置（③）
Pressure regulator

タービン排気口
Turbine exhaust

操縦桿（⑧）
Control lever

甲液ポンプ（⑤）
Ko-type fuel component pump

甲液発停弁（⑩）
Ko-type fuel component maneuvering valve

架構
Engine mount

タービン軸歯車
Turbine shaft gear

回転計元軸歯車
Tachometer base shaft gear

起動歯車
Drive gear

歯車装置（②）
Gear mechanism

起動電動機（①）
Starting motor

甲液入口
Ko-type fuel component inlet

蒸気タービンの駆動（その1）

多量に薬液を消費するロケットエンジンの燃焼室に必要量の薬液を送り続けるために、蒸気タービンによるポンプが採用されていた。まず起動電動機（①）により歯車装置（②）を経てタービンポンプを駆動し、所定の回転数に達したところで調圧装置（③）の起動弁を開くと毎分7リットルの甲液が蒸気発生器（④）に送られる。蒸気発生器では甲液が触媒に反応して分解発熱して約480度の水蒸気と酸素の混合気となってタービンに吹き付けられ、約100HPの出力を持つタービンと同軸にある甲液ポンプ（⑤）、乙液ポンプ（⑥）を駆動する。なお調圧装置は不時の原因によりタービンの回転数が急激に上昇した場合は自動的に急閉弁が働いて甲液の供給をストップさせ、タービンポンプの過回転を防ぐ機能も備えていた。また蒸気の一部は燃焼室（⑦）にも清掃のために送られていた。この小型ながら回転数が15,000回転に及ぶものは当時の日本では実例がなく、三菱も持田技師をはじめとしてその完成には苦慮されたようだ。

　五日には夏島岸壁で一段までの噴射実験に成功。六日、飛行場に引き出しエンジンテストを行なった結果、二段までの噴射が可能となり、翌七日の十四時を「試飛行」と決定した。しかし当日の「試飛行」では燃料系統のトラブルにより、秋水は不時着大破した。
「あぁ、やっぱり、エンジンだめかな」
　ロケットエンジンが停止した時、廣瀬大尉は周辺の機器ではなく、エンジン自体にトラブルが生じたものと思った。
「素材の問題です。当時のパッキンやベローズは、とても特呂二号に使えるものではなかった。アルミニウムにしても純度99.99（フォアナイン）を作れず純度99.9（スリーナイン）が限界でした。またチタンも不足していて高温高圧に耐えうる素材はありませんでした。これは、ジェットエンジンでも同じで種子島時休大佐もそれを痛感しておられました」
　ロケットエンジン開発の中枢にいた廣瀬氏の言葉には、冷徹に当時の状況をみていた技術者の悲しみがあふれていた。飛行に支障は出なかったはずだが、たしかに分解調査の結果、ロケットエンジンの噴射弁十二本のうち二本に焼きつきが見られたという。

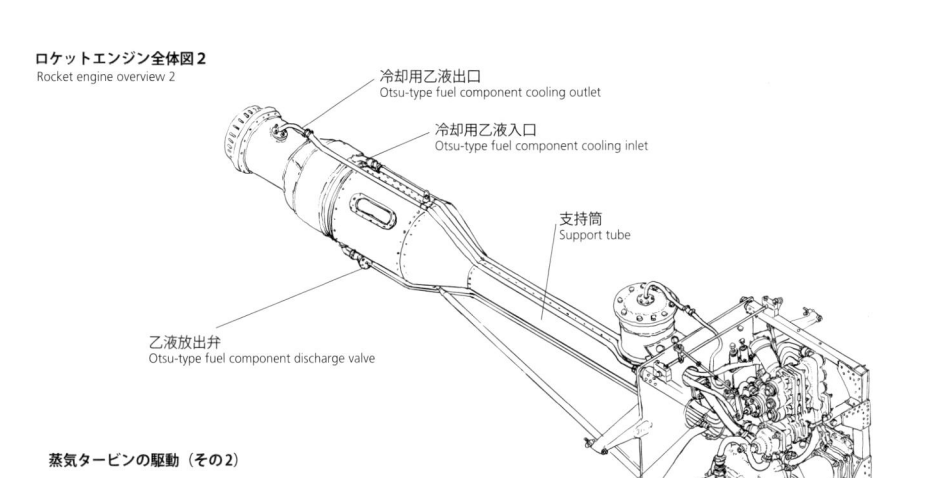

ロケットエンジン全体図2
Rocket engine overview 2

冷却用乙液出口
Otsu-type fuel component cooling outlet

冷却用乙液入口
Otsu-type fuel component cooling inlet

支持筒
Support tube

乙液放出弁
Otsu-type fuel component discharge valve

蒸気出口
Steam outlet

甲液出口
Ko-type fuel component outlet

乙液出口
Otsu-type fuel component outlet

蒸気タービンの駆動（その2）

　操縦槓桿（⑧）により調量装置（⑨）の発停弁（⑩）を開き、分配弁（⑪）を開くと乙液が支持筒の上の管を通って燃焼室の冷却外筒を満たし、濾過器を経て再び調量装置へもどる。さらにスロットルレバーを進めると調圧装置から甲液が増量されて蒸気発生量を増やしてタービンポンプの回転数を上げ、甲液と乙液のポンプを駆動させて薬液管が支持筒（⑫）内部を経て燃焼室に3段階に分けて噴出された。両液は直ちに反応して高温・高圧のガスとなり高速で燃焼室より吹き出して推力を発生させた。燃焼を3段階に分けたことで急激な推力の発生を防ぎ、また小推力時の安定を図っていた。また乙液の一部は燃焼室外筒と調量装置とを循環して燃焼室の冷却を続けた。
　秋水1号機は昭和20年7月7日に初飛行を遂げたが上昇中にロケットがストップして墜落する。海軍では次ぎの試験飛行用のロケットエンジンを用意し、7月15日の領収試験に取りかかったところ、爆発事故が発生。原因は調量装置の固着という作動不良により、着火せずに残った薬液が遅れて噴射された薬液と爆発的に燃焼してしまったことが原因と推量された。関係者の短期間での驚異的な努力をもってしても、このロケットエンジンの熟成にはなお時間が必要だったことをうかがわせる。

　戦後、ロケットエンジンに関わった技術者達は大学教授、民間自動車メーカー技術者など平和産業に従事していった。また、廣瀬氏は特呂二号で培った配管に関する保安技術を原子力発電に応用する特許を取得し、世界中をかけまわった。また戦後、国の予算で民間に発注された最初の国産ロケットを受注したのが長崎兵器製作所の技術を継承した三菱重工だったことは、けっして特呂二号の開発が無駄ではなかったことを物語っている。■

ロケットエンジンの作動

蒸気タービンシステム図
Steam turbine system illustration

蒸気タービンへ
To the steam turbine

燃焼室蒸気噴子へ
To the combustion chamber steam injector

乙液ポンプ
Otsu-type fuel component pump

蒸気タービンへ
To the steam turbine

蒸気発生器
Steam generator

調圧装置
Pressure regulator

タービン部分
Turbine parts

タービン排気口
Turbine exhaust outlet

甲液出口
Ko-type fuel component outlet

甲液ポンプ
Ko-type fuel component pump

起動電動機
Starting motor

運命の試飛行 昭和二十年七月七日
July 7, 1945: The fateful test flight

機体は完備できたもののエンジンの完成の目処はなかなか立たなかった。なんとしても一度飛行させなければと柴田司令は「試飛行」の条件を「エンジン全力運転七分間」から「全力二分間」に緩和させた。山北の海軍用一号エンジンが六月にこれをクリア。追浜の夏島実験場に運び込まれた。

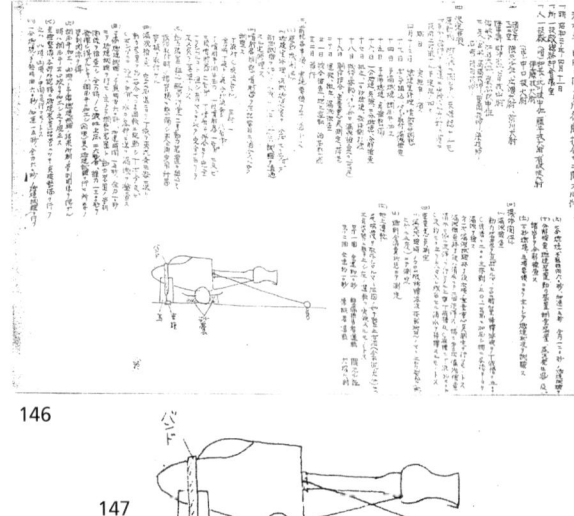

145：七月初旬、夏島でおこなわれた機体に装備した状態でのロケットエンジン噴射実験。「特呂二號」の燃焼室などが見える。下にのびたパイプは水蒸気放出用に仮設したものか？

146, 147：昭和二十年四月十一日に行なわれた「飛行前打ち合わせ」会議資料。これを見ると当初「試飛行」が四月二十二日に行なわれる予定だったことがわかる。延期の原因はエンジンにあったようだ。

148：「試飛行」前日または、当日午前中に行なわれた噴射実験。「機密兵器」というわりには見学者の多いことに驚かされる。もれた甲液が反応しないようにホースで地面を濡らす隊員が見える。後方にはホースがのびている。水蒸気の切れ間から大人数が見学しているのがみえる。

149：甲液は皮膚に触れるとひどいやけどをおこす。七月だというのに全員長そで、一種軍装を着た士官も見える

148

149

Lieutenant Shimizu. Continuing from the right are Ensigns Shunzaburo Matsumoto, Kosuge, Takada, and Kajiyama.

144 (p.65) : Village children playfully proclaim "The Navy men are here!" Their rather rough way of standing at attention is charming. In the back row from the left are Ensigns Mitsuya, Kosuge, and Takada.

145 : Rocket engine thrust testing with the engine installed in the airframe, carried out at Natsushima at the beginning of July. The Toku-Ro No. 2's combustion chamber, among other things, can be seen. The pipe seen extending down may be the start of the gas discharge outlet.

146, 147 : Records of a pre-flight meeting held on April 11th, 1945. Looking at these documents, it is evident that the first test flight was scheduled for April 22nd, 1945. The engine was the cause of the delay.

148 : A thrust test carried out either on the day prior to or the morning of the test flight. As this was a "secret weapon," the large number of spectators is surprising. A crewman can be seen spraying the ground with water in order to avoid a reaction with any Ko-type fuel component that may spill. The hose can be seen trailing behind him. Great numbers of spectators can be seen through gaps in the water vapor.

149 : Ko-type fuel component caused severe burns if it contacted the skin. Even in the heat of July, all crewmen wore long-sleeved shirts.

150 (p.74) : The test flight was scheduled for 2pm. The engine would not start, however, so desperate maintenance continued. In the center, Lieutenant Inuzuka waits for the repairs to be finished.

151 (p.74) : Special rubber flight suits were made to protect aircrews from the volatile Ko-type fuel component. As this suit has a lieutenant's armband, it was most likely intended for Lieutenant Inuzuka's use. In this picture, First Lieutenant Narisawa is wearing it. For the test flight, instead of this rubber suit, a Ko-type fuel component-resistant silk flight suit was worn.

152 (p.74) : Lieutenant Inuzuka finally climbs aboard the Shusui. This photo was secretly taken by a Shusui crewmember.

138 (p.64) : The maintenance crew, crossing the Sakawagawa river on their way to the Yamakita test site.

139 (p.64) : The temple gate of Hofukuji temple, used as the test site construction office.

140 (p.65) : In front of the main hall of Hofukuji temple, used as the Yamakita test site construction office. On the left is the Kugisho Jet Propulsion Division's Technical Lieutenant Commander Ukon Fujiwara, and on the right is site manager Technical Lieutenant Tanno.

141 (p.65) : The "Toku-Ro No. 2 rocket engine" and test site, after an explosion. Since the equipment behind the main body of the engine was destroyed, it is thought that the highly volatile Ko-type fuel component leaked and reacted with something, causing an explosion.

142 (p.65): Diagrams of the KR-10 Toku-Ro No. 2 engine on the wall at the Yamakita test site.

143 (p.65) : The ensigns on their way to the Yamakita test site in late April, 1945, after being told to go to there to observe testing. From the right are Ensigns Mitsuya, Bonji Matsumoto, Suzuki, Horiya and

73

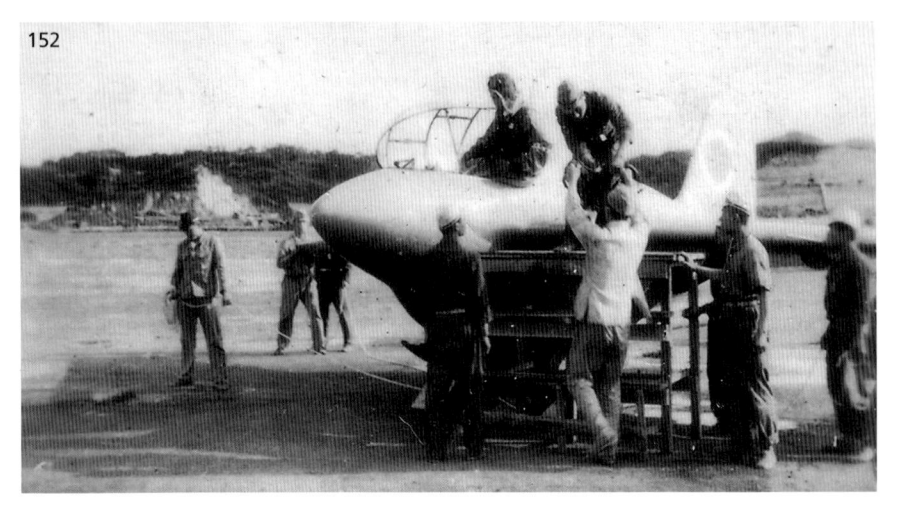

150：「試飛行」は午後二時の予定だった。しかし、エンジンは始動せず必死の整備が続いた。中央、整備完了を待つ犬塚大尉。

151：甲液から搭乗員を守るためゴム製の飛行服が造られた。大尉の腕章がついているので犬塚大尉用と思われる。写真で着ているのは成沢中尉。「試飛行」ではこのゴム製ではなく、甲液に耐性があるといわれる絹製の飛行服を着用した。

152：ようやく秋水に乗り込む犬塚大尉。秋水隊員による隠し撮り。

153：いよいよ、発進の準備が整った。こちらを向いているのは隈元勝彦少佐。風防はドイツでは一体成形だったが日本には同等の技術がなかった。

154：時に昭和二十年七月七日十六時五十五分、日本初の有人ロケットの飛行が始まった。左翼を持つのは整備分隊長廣瀬大尉。右翼は河辺勇整備兵曹。

155：離陸距離測定員、高田中尉の目の前220mで秋水は離陸した。山下飛行長が離陸成功の白旗をあげる。

153 : At last, takeoff preparations were complete. Lieutenant Commander Katsuhiko Kumamoto is facing the camera. The Germans used a single-piece glass canopy, but such technology did not yet exist in Japan.

154 : The first Japanese manned rocket flight began at 4:55pm on July 7th, 1945. Maintenance Crew Chief Lieutenant Hirose holds the left wing, while Maintenance Petty Officer Isamu Kawabe holds the right wing.

155 : The Shusui left the ground after rolling 220 meters, directly in front of takeoff distance measurement crewmember First Lieutenant Takada. Flight Chief Yamashita raises a white flag, signaling a successful takeoff.

Existing test flight images.
遺された「試飛行」写真

　「試飛行」当日撮影された公式記録写真、16㎜フィルムの映像は終戦時焼却処分されている。現在、雑誌等に掲載されている写真はそのほとんどが秋水隊員によって密かに撮影されたものだ。ここでは、撮影者と位置関係について解説する。

76　秋水 *Rocket Fighter Shusui*

a. この写真だけは部隊員ではなく公式に❷の位置からに撮られたものと思われる。他の写真と解像度の違いがはっきりとプリントに現れている。b. の三枚は❶にいた部隊員により撮影されている。この部隊員は❸に移動し、c. の離陸時を撮影した。そしてもう一人の部隊員が❹の位置で秋水の飛行写真（次頁）を撮影したことが取材結果より判明した。

Official archival photos and 16mm film taken the day of the test flight were destroyed at the end of the war. Most pictures published in modern magazines and elsewhere are those taken secretly by Shusui crewmembers themselves. The positioning of the people who took those pictures will be explained here. This is the only official photo, and was not taken by a crewman. This photo is thought to have been taken from point (1.). The difference in resolution when compared to other photos is clearly evident in the print. These three pictures were taken by a crewman standing at point (2.). This crewman then moved to point (3.) and photographed the moment of takeoff. Collected data proves that another crewman photographed the Shusui flight (next page) from point (4.).

156

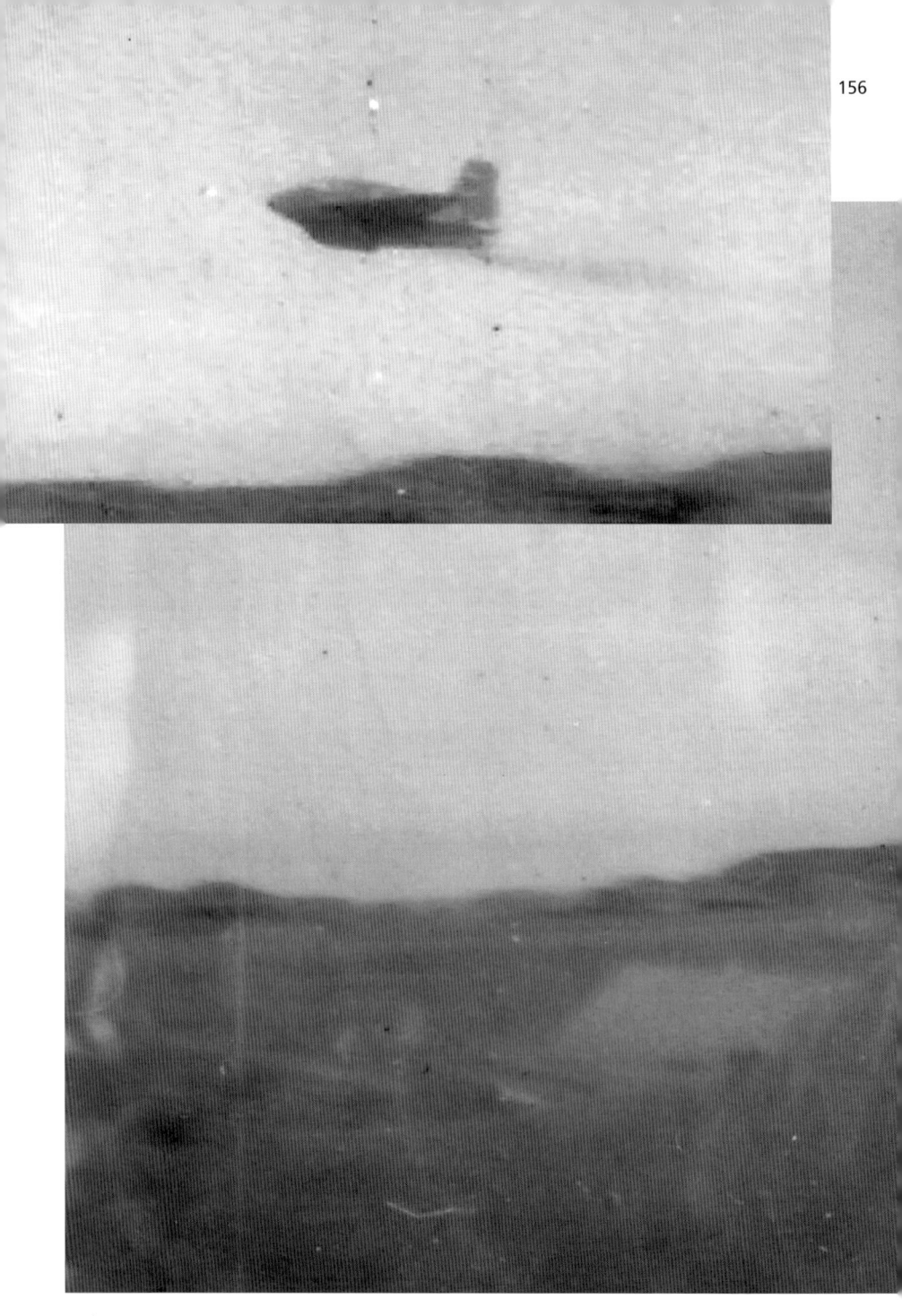

78 | 秋水 *Rocket Fighter Shusui*

156, 157：ついに発見された「秋水試飛行」時の写真、飛行している秋水の写真で現存している唯一の一枚。兄とも慕う犬塚分隊長の晴れの試飛行を撮影するため秋水隊員は「懲罰」覚悟でシャッターを押した。

156, 157 : A photo of the Shusui test flight, discovered after years of searching. This is the only existing photo of the Shusui in flight. Accepting the risk of disciplinary action by photographing Group Commander Inuzuka's brilliant test flight, the Shusui crewmembers admired him like an older brother.

Reenactment: Shusui Test Flight   July 7th, 1944   4:55pm

再現 秋水試飛行
昭和二十年七月七日 午後四時五十五分

遺された写真および関係者の証言から秋水試飛行を完全再現。
付属DVD「秋水試飛行」の内容について、ここで解説する。

1 : With a deafening roar and trailing white smoke, the Shusui left the ground after rolling 220 meters.

2 : Dropping its wheeled undercarriage, the Shusui began its steep climb.

3 : At an altitude of about 450 meters, the engine failed, making strange popping sounds and emitting black smoke.

4 : Without sufficient altitude, Lieutenant Inuzuka aborted the prearranged emergency plan to ditch in Tokyo Bay and instead tried in earnest to return safely to the airfield by reversing the direction of the aircraft's climb and aiming for the runway.

5 : Lieutenant Inuzuka twice tried to restart the engine, but was unsuccessful both times.

6 : An emergency dump of the Ko-type fuel component was then carried out.

7 : With the runway in his sights, he pulled the nose up to avoid the buildings, and felt the aircraft stall.

8 : The right wingtip clipped the observation tower.

9 : The Shusui was heavily damaged in the crash.

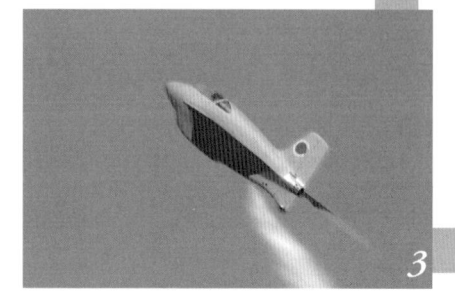

1 轟音と白煙を引きながら滑走を開始した秋水は距離220mで離陸した。

2 車輪を投下し急上昇に移る。

3 高度450m付近でパンパンパンと異常音とともに黒煙を吐いてエンジンが停止した。

4 不足の事態には直進後、東京湾へ着水する事前の打ち合わせに反し犬塚大尉は何としても機体を無事に帰投させようと上昇反転。滑走路を目指す。

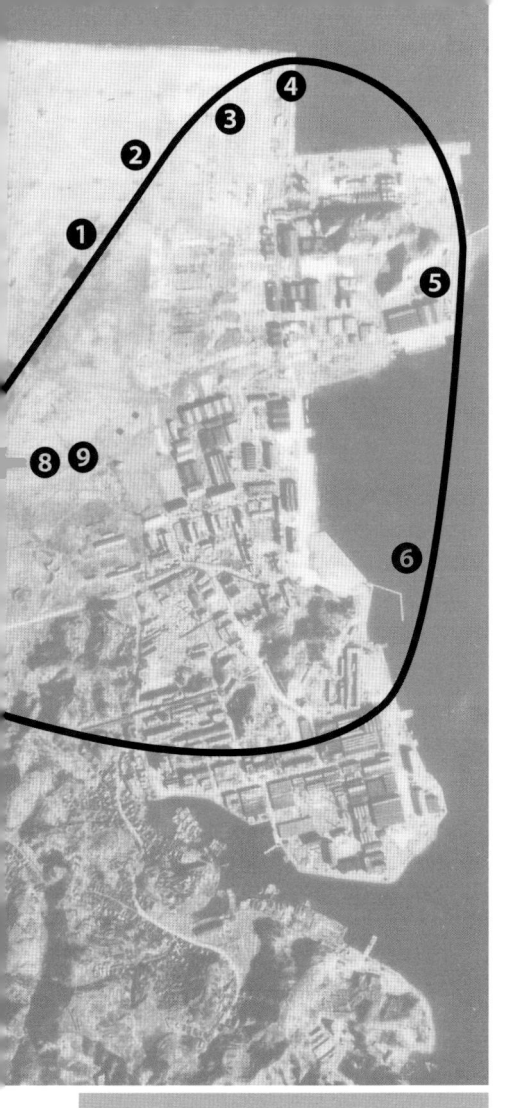

landing

9

不時着大破した。

8

施設部監視塔に右翼端が接触。

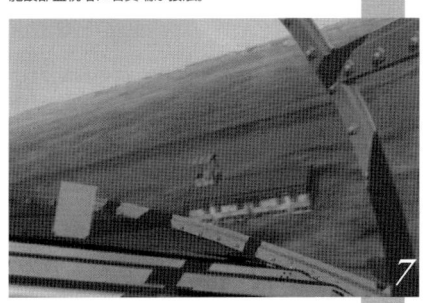

7

滑走路を目の前にして建物を越そう機首あげ、失速気味となり。

5

途中エンジン再起動が二度試みられたが果たせず。

6

やがて甲液の非常投棄が始まった。

81

事故調査委員会
Accident Investigation Committee

不時着大破した秋水は分解され徹底的に事故原因が調査された。
試飛行を撮影した16mmフィルムなどから秋水の上昇を再現したところ、
燃料タンクの吸い込み口が機体前方に取り付けられていたことで
秋水が急角度で上昇中に燃料供給が断たれ、エンジンがストップしたとされた。

158

159

158-160：調査のため分解された秋水。不時着時はもっと原型を保っていた。写真158の上方にのびる主翼の桁からぶら下がっているピトー管が痛々しい。

158-160 : The Shusui, disassembled for investigation. It was much closer to its original shape than this at the time of the crash. The Pitot tube dangling from the upward-stretched wing is a pitiful sight.

160

犬塚豊彦少佐海軍葬
Inuzuka's Navy Funeral

不時着後、犬塚大尉は鉈切山の医務室に運ばれた。
軍医長らの必死の治療もかなわず、頭蓋底骨折のため八日未明殉職した。
葬儀の準備は、秋水発進の秒読みをした関係から松本豊次中尉が行なった。
犬塚少佐（殉職後特進）の海軍葬は神式で行なわれたため、その準備は大変であったという。

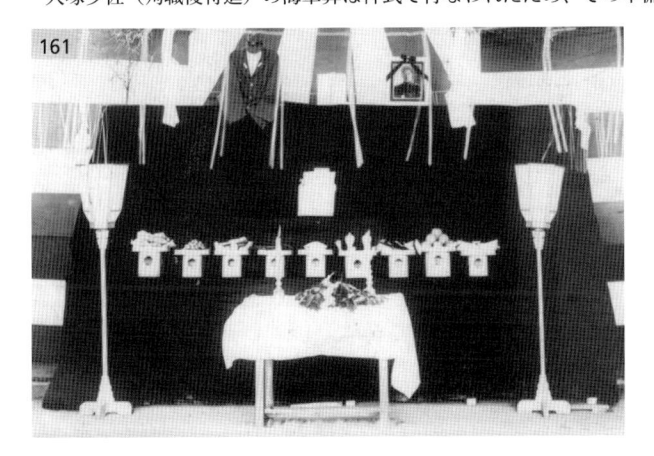

161

161, 162 : After the crash, Lieutenant Inuzuka was carried to the base infirmary. Despite desperate efforts by the Chief Medical Officer and his staff to save him, he died at daybreak on the 8th of July of a basal skull fracture. Since First Lieutenant Bonji Matsumoto participated in the Shusui takeoff countdown, he carried out the funeral service preparations. The naval funeral of Lieutenant Commander Inuzuka (promoted posthumously) was carried out in accordance to Shinto ritual. The preparations for the ceremony were said to have been extraordinary.

161, 162：葬儀には家族も駆けつけたが、兄、尚比古氏は日本銀行仙台支店に勤めていたため、ようやく列車の切符をとり東京についた時は、すべてが終わった後だった。共同開発者であった陸軍からも航空審査部の荒蒔少佐ほか数名が参列した。

162

終戦 秋水計画の終焉
War's End: The Shusui Project's Finish

八月十日に予定された第二回試験飛行が延期され、そして八月十五日の終戦を迎えてしまった。
すべての計画は中止され機密兵器だった秋水の資料や図面はそのほとんどが焼かれてしまった。
自宅で病気療養していた小野少佐の元にも兵学校同期生が訪れ、
即刻重要書類を焼くようにと言って帰っていった。
半日以上かけて風呂釜のたき付けに使って燃やしてしまったという。
機密兵器に関わったものは「戦犯」になると考えられていたためだ。

163-166：戦後、アメリカ軍によって調査される空技廠の秋水。奥に数人の調査員がみえる。写真奥に一機、左にもう一機がみえる。機体設計陣の中村武所蔵の「保安試験表」や空技廠の「振動試験表」などから、これらの写真の秋水は強度試験機「三菱製1101号機」である可能性が高い。翼は撮影用に取り付けた可能性もある。

163-166 : A Kugisho Shusui, examined by the US military after the war. Several researchers can be seen in the background. One aircraft can be seen in the background of the photo, with another visible on the left. It is highly possible that the Shusui in this picture is the "Mitsubishi No. 1101" strength test aircraft. This photo is from Airframe Design Group member Takeshi Nakamura's "Safety Test Chart" and Kugisho's "Vibration Test Chart." It is possible that the wings were attached for the photos.

167：翼及びノーズコーンのない「供試体」とともに翼の強度は調査するため「供試翼」も製作された。

167 : Along with a wingless and noseconeless "test fuselage," a "test wing" was constructed to test wing strength.

168-170：日本飛行機山形工場、秘匿名称「扶桑101工場」で完成した日飛製一号機。製造番号81号機と思われる。右翼後方に製作途中の二号機が見える。量産機であるため、濃緑色に塗られている。完成祝賀会が行われた後、分解され貨車で追浜まで運ばれた。エンジンは追浜で装備する予定だった。機体とともに整備用員も追浜へ出張し終戦まで残ることとなった。量産機であるため名板には「試製秋水」ではなく「秋水」とだけかかれている。

168-170 : The first aircraft built at Japan Aircraft Manufacturing Co., which had a code name of "Fuso 101 Factory." At the left rear, the second aircraft can be seen under construction. The manufacturer's serial number is thought to be No. 81. As a production aircraft, it was painted dark green and was marked as "Shusui," rather than "Experimental Shusui."

海軍第三一二航空隊「秋水隊」小史

第十三期予備学生の見た三一二空の誕生と終焉

秋水隊はその中核であった十六人の少尉たち全員が十三期予備学生戦闘機出身者という、非常に特異な組織であった。ここでは彼等の海軍時代を主に三角秀敏氏のインタビューをもとに再現してみたい。

昭和十八年九月、山梨高等工業専門学校（現山梨大学工学部）を繰上げ卒業することとなった三角氏は国鉄への就職が内定していた。しかし、子供の頃から憧れていた空への夢を捨て切れず、海軍飛行専修予備学生の試験を東京で受けた。徴兵検査甲種合格の身である三角氏は、卒業後半年もたてば陸軍への応召がほぼ決まっており、どうせ行くなら海軍へという気持ちもあったという。海軍飛行専修予備学生制度は、大学および高等専門学校の卒業者を主な対象として短期間で士官パイロットを養成することを目的としていた。予備学生は進級すると士官（少尉）になれた。これは海軍のエリートを要請する兵学校卒業生と同様の待遇であり、大変な厚遇であった。

簡単な口頭試問が行なわれ無事、合格が決まると両親、家族も大変喜んでくれた。この時代、近所では多くの出征者がおり自分の家族からいまだ軍隊へ入っている者がいないことは少し肩身の狭いものであった。いざ、土浦海軍航空隊へ仮入隊という前日の晩は、食卓の上にはたくさんの御馳走が乗り家族みんなで記念写真（写真1）を撮った。予備学生に限らず出征兵士をおくりだす家庭で多く見られた光景だったと思われる。

翌日には近所の人々に見送られ、列車を乗り継ぎ土浦海軍航空隊へ向かった。

上野駅では、早稲田、慶応、日大など各大学の壮行会が行なわれ、その中には後に三角氏と同じ秋水隊員となる早稲田大学の成田真一氏もいた。

大量採用となった十三期では土空と三重空に分かれて仮入隊となった。九月十三日、土空に仮入隊となった三角氏たちには、さらに数回にわたる適性検査が行なわれ、不合格となったものは飛行要務士などとなった。合格したものは正式に海軍第十三期飛行専修予備学生となり基礎教程訓練を開始した。分隊わけでは約二百人を分隊単位として、土空では十三分隊まで編成された。そのうち、十分隊から十三分隊までの四分隊は理科系および師範学校卒業生で構成された。かれらは、他の分隊よりも基礎教程が二ヶ月短く「前期組」と

写真1　三角氏（中央）の出征前夜

呼ばれた。秋水隊員は全員がこの「前期組」である。

　ここで一言説明をしておきたいのは、学徒兵といわれると頭に浮かぶのは雨の神宮外苑での学徒出陣の映像である。この学徒出陣は十三期予備学生が入隊した二ヶ月後に、文科系大学生に対する徴兵猶予が廃止され大量動員となった学徒たちである。予備学生でいうと十四期にあたる。十三期と十四期の大きな違いは、十三期は志願兵であり予備学生から士官（少尉）に任官したが、十四期は兵隊として徴兵されその後、選抜されたものが十四期予備学生になった点である。わずか二ヶ月の差がその後の待遇に大きな違いをもたらした。待遇の面だけをみれば十三期は幸運だったといえるかも知れない。しかし、十三期は海軍における特攻の中心となって散華していくのだが。

　基礎教程は海軍軍人としての基礎的な訓練のすべてが行なわれた。カッター訓練、手旗信号、電信（モールス）、陸戦訓練、座学などである。

　十一月下旬、三角学生は希望通りに操縦専修となり「霞ヶ浦航空隊東京分遣隊」として羽田へ向かった。他に「操縦」では筑波航空隊、谷田部航空隊、北浦航空隊で訓練を受けた学生がいた。東京杉並が実家の三角学生は休みがあれば実家に帰れると大変嬉しかったという。この東京分遣隊には三角学生をはじめ秋葉信彌、高田幸雄、鈴木晴利、松本俊三郎各学生が着任した。十二月二日、いよいよ九三式中間練習機（九三中練）「赤とんぼ」による飛行訓練が始まった。学生の中には高田学生のように「学生航空連盟」に所属し陸軍機ではあるが飛行経験のある者もいた。

　「あれは、多分にデモンストレーション的意味合いが大きかったと思います」高田氏は東京分遣隊時代を振り返る。「当時は陸軍と海軍で学生航空連盟に所属する学生の取り合いをしていました。ついこの間まで先輩、先輩と

呼んでいた人が海軍パイロットとして規律厳正、きびきびと飛行作業をしているのを見せられたら、みんなやっぱり海軍へ行こうとなりますよ」受ける印象から、どうせ行くなら海軍と考える学生が多かったようである。

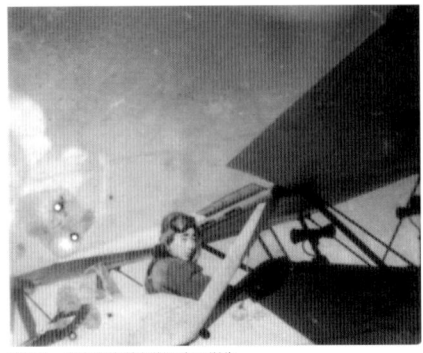

写真2　東京分遣隊次代の高田学生

　教官、教員が同乗する慣熟飛行をへていよいよ、ひとりで離陸から着陸まで行なう単独飛行となる。離陸が成功し大空に自分ひとりが飛んでいることに気付くと、つい大声で歌う者などが多かったようだ。特殊飛行（スタント）、編隊飛行訓練をこなした三角学生たちは昭和十九年三月、卒業記念飛行を終え無事東京分遣隊を卒業した。搭乗機種として戦闘機を希望した三角学生たちの次の任地は大村海軍航空隊元山分遣隊で基地は大分基地であった。少し複雑なので補足説明をしておこう。彼等の赴任先は朝鮮半島にある元山基地なのだが未だ航空隊としては独立しておらず大村海軍航空隊の分遣隊として着任した。ところが元山では彼等の受け入れ準備が整っておらず、大村基地も余裕がないため、訓練は大分基地で行なうこととなったため、「大村海軍航空隊元山分遣隊、大分基地」というはなはだ変則的な呼称がついた。

　大分基地で始まった実用機教程では零戦ではなく旧式の九六式艦上戦闘機（九六艦戦）を使用した。「あれは、本当に良い飛行機でした。自由にいうことを聞いてくれました」非常に操縦が容易で思いのまま飛び回れる九六艦戦に、今でも愛着を感じている者が多い。

　昭和十九年五月三十一日、十三期予備学生は全員が海軍少尉に進級した。いよいよ、士官搭乗員である。任官式のあとは料亭『海龍荘』で任官を祝う宴会がひらかれた。余りの嬉しさに座敷の畳を庭に敷き、二階から飛び下りる新米少尉もいたという。その後、二週間の飛行訓練を終え、いよいよ元山へと移動した。この移動が完了するのに一月ほどかかり、ふたたび飛行訓練が開始されるのは七月十三日からであった。憧れの零戦での実用機教程は移動のために遅れた一月分を取り戻すのは大変過酷だったという。

　昭和十九年八月十日、早々と任地の決まった少尉たちが荷造りをしているデッキに清水敦分隊士（海兵七十二期）がやってきた。
「みんな、聞けー、秋葉信彌、伊東弘一、岡野勝敏、梶山政雄、北村禮、小菅藤二郎、鈴木晴利、高田幸雄、成沢義郎、成田真一、原田精三、堀谷清衛、松本俊三郎、松本豊次、三角秀敏、三屋嘉夫　以上のもの、えむいーひゃくろくじゅうさんいあつ。以上」

　自分の名前を呼ばれた少尉たちが怪訝そうにたずねる。
「分隊士、なんですか。それ」
「貴様たちの任地だ」
「私は第一航空艦隊に行くことが決まっていますが」

写真3　九六戦の前で梶山少尉。後方に「オ-146」と機番の入った九六戦が見える

「貴様はいい、誰か他のものを行かせる」
「で、何処に行くんですか？」
「知らん」
「えっ」
「知らん、おれも良く分からんのだ。だいたいなんで、辞令が人事部じゃなくて、航空本部から来るんだ？」
　そういって、清水分隊士は行ってしまった。後はア然とする十六人を囲んで、同期たちが無責任に「えむいーだからドイツに助っ人に行くのか、だったら潜水艦で行くのか」とワイワイ騒ぎはじめた。翌日になって今度は人事部から「横須賀航空隊付きを命ず」という正式な辞令が届き、ようやく「えむいーひゃくろくじゅうさん」という新型機に関する仕事をするのだなと分かったという。それぞれに横空へ向かった十六人のうち、一足先に到着した松本俊三郎少尉がガンルームでくつろいでいると端正な顔だちの士官が「よぉ、おれも、えむいーだ。よろしく」といって入ってきた。八月三日付けで指宿空から転勤して十六人の少尉たちの到着を待っていた初代隊長小野二郎大尉（海兵六十四期）だった。小野隊長は当事二十八歳、東京府立一中から海軍兵学校へ入校。三十一期飛行学生水上機班を卒業。真珠湾攻撃では事前に源田実参謀より計画を打ち明けられ、自らが直前偵察に出る決心をした。しかし、古村啓蔵「利根」艦長より「飛行長、君にいかれてはこの利根が困る」とさとされ自制した。その後偵察隊を猛訓練で鍛え上げ見事、直前偵察を成功させた。開戦後は特設水上機母艦「神川丸」の分隊長として二式水上戦闘機で活躍した水上機のベテランパイロットだった。八月二十日、顔を揃えた十六人は夕食後、木暮飛行長に裏庭に呼び出された。
「諸君には国家の存亡がかかった重大な任務を遂行してもらう。ドイツ人にできて日本人にできぬわけはない。詳細は明日、担当者が教えてくれる。なお、これは重要機密事項であるからいっさい他言無用である」
　飛行長はそれだけ告げると夕闇の中へ消えて行った。
　翌日、小野隊長の
「本日ただいまより、貴様たちの命はこのおれが預かった」
　との第一声に続き、「えむいーひゃくろくじゅうさん」がドイツのロケット戦闘機であり自分たちはその実験用員として当分は隣接した空技廠で訓練を行なう旨が告げられた。緊張と高揚が入り交じるなかで、選ばれたことへの

写真4　初代隊長小野大尉

写真5　低圧タンク訓練後の記念写真　(→p.33)

喜びが沸き上がってくるの感じる少尉たちであった。
　空技廠ではまず垂直風洞実験室に連れて行かれた」。
「これがMe163です」
　科学部の部員が少尉たちにおそらくは出来たてなのであろう木製の模型をみせてくれた。
「今までの飛行機にくらべて、ずんぐりもっくりしていて、はたしてこんなんでB-29が落とせるのかなと思いました」
　三角氏は初めてMe163の形状を目にしたときの驚きと不安をこう語った。不安そうな少尉たちをみて、科学部員は風洞に模型を入れた。予想に反し美しいきりもみを続ける模型にホッとする少尉たちであった。続いて始まったのが、おそらく彼ら以外誰も経験したことのない、高高度飛行訓練だった。既存機では四十分も一時間もかかってしまう高度1万mまでの上昇時間が、ロケット推進のMe163はわずか三分三十秒だった。この急激な高度上昇とそれにともなう急減圧に気密化できないコクピット内のパイロットは果たして耐えることができるのか、訓練と平行してデータの収集が行なわれた。
「こちらが新鋭機を実験するのかと思っていたら、こちらが人体実験されてしまいました。まるでモルモットですね」
　元隊員たちは笑いながら話してくれた。当初、三分三十秒だった上昇時間は、最終的には肉体の限界を知るため一分三十秒まで短縮された。耳や鼻から血を流す者、鼓膜に穴をあけてくれと訴える者、頭蓋骨内の微少な空気が膨張して極度の頭痛を訴える者など、実験は過酷を極めた。データ収集のため食事もすべて空技廠が用意したものに限定された。いわゆる「秋水食」と呼ばれ食糧難の時代にビーフステーキやビーフカレーなど豪華なメニューが続いた。ただし、訓練後にメニューと高高度飛行訓練の関係を毎回レポートにして提出、さらに排泄物まですべて提出しなければならなかった。
　九月に入ってまもなく少尉たちは小野隊長より「木型審査に行くから全員用意しろ」と言われた。九月八日の木型審査に少尉たちも立ち会わせるつもりだったようである。めったにない機会と喜んだのもつかの間、立ち会うのは小野隊長だけとなり少尉たちの名古屋行きは取り止めとなった。
　十月に入ったある日「搭乗員はブランクがあくと腕が落ちる」と少尉たちに飛行作業の命令が出た。ひさしぶりに飛行機に乗れると喜んで行った飛行場で小野隊長から「お前たちはあれに乗れ」といわれたのは、懐かしき

写真6　霞空での訓練風景（→p.61）

九三中練であった。しかし、非常に混雑している横空に不似合いな低速の練習機は、危険きわまりなく訓練に不向きと判断した小野隊長は、部隊を百里原基地に移動することとした。一説によればこの「横須賀海軍航空隊百里原派遣隊」に代わる部隊名として隊員により「秋水隊」が発案され、部隊名の「秋水隊」がのちに機体名称の「秋水」にまでになったとされている。いっぽう、三菱側の資料によればすでに八月十日には機体名称「秋水」は決定されており、その後に航空本部より海軍側型式「J8M1」が決定したと伝えられている。局地戦闘機でありながら何ゆえ、「雷電」「紫電」「震電」などとはまったく異なる「秋水」という、他の航空機からも異質の名称がついたのかは、今もって謎である。

百里基地では五機の九三中練を使って、燃料を使い切った秋水が滑空で帰投するための訓練、「滑空定着訓練」を開始した。エンジン停止後の訓練の開始地点は百里基地北方のひ沼上空1200mと決められた。そこから滑空して飛行場に帰り、橇で着陸という秋水の特徴に合わせ三点着陸ではなく前車輪だけで滑り込み接地を行なった。訓練開始後は、中古機だが零戦も増強された。ずい分と故障に悩まされた零戦だったが整備分隊の知恵と努力により、訓練に支障は出なかった。同時に二機のグライダーとグライダー専門の教官、教員も配属になった。

使用機材の充実にともない秋水とB-29の実戦を想定した訓練も開始された。九三中練と零戦の速度差の割り合いがB-29と秋水の場合に近いことから、九三中錬に吹き流しを曳かせこれを零戦で射撃するものだ。命中数を競うゲーム的要素も盛り込み、訓練に励んだ。

十月中旬には第一分隊の分隊長として犬塚豊彦大尉が着任した。海軍兵学校七十期生で二座水上偵察機から横空付きとなり、空技廠での低圧訓練を終えた後の着任であった。部下の面倒見もよく穏やかな性格であったが訓練にはきびしかった。いわゆる「特攻」には反対で、口癖が「お前たち特攻なんかで死ぬんじゃない、もし死ぬとしても敵を十一機墜すまでは死んじゃいかん」というものだった。同じ兵学校七十期生の関行男大尉が神風特別攻撃隊敷島隊の隊長として兵学校出身者最初の特攻死を遂げたことも、その発言の一因だったかも知れない。犬塚大尉より少し遅れて、やはり海兵七十期で水上機出身の山崎雄蔵大尉が練成分隊の六分隊長として着任した。

十二月二十六日には激務から罹病、海軍病院に入院した小野

写真7　犬塚豊彦大尉（→p.40）

隊長に代わり主務パイロットとなった犬塚大尉が空技廠製「軽滑空機秋草」の初飛行を見事成功させた。明けて昭和二十年一月八日には三菱製「重滑空機」の初飛行も犬塚大尉により成功した。

こうして予定より遅れながらも「秋水」の進捗に自信を得た海軍は「横須賀海軍航空隊百里原派遣隊＝秋水隊」を発展拡大した「第三一二航空隊」（三一二空）を二月五日付けで開隊した。通常「さんひとふたくう」と呼ばれる。司令には戦闘機操縦出身の柴田武雄大佐（海兵五十二期）副司令兼飛行長に山下政雄少佐（海兵六十期）、飛行隊長に山形頼夫少佐（海兵六十三期）が着任した。横空に本部を置き、飛行訓練は百里原基地（後に霞ヶ浦航空隊へ移動）、実戦部隊予定基地として厚木基地に薬液貯蔵施設を建設、空技廠山北実験場にも派遣部隊を置いた。搭乗員も甲飛十三期生、予備学生十三期の後期組、また兵学校出身者も着任し部隊は急速に拡大していった。使用機材の不足を補うため、三月三日、少尉たち（一部、中尉に進級済み）は鹿屋基地から十五機の九三中練を空輸するよう命ぜられた。エンジントラブルや敵艦上機を避けながら、三月十日の空襲で焼け野原となった東京を眼下に見て「今に見ていろ、秋水ができたら」と怒り

写真8　「軽滑空機秋草」（→p.52）

を胸に、新しく秋水隊の基地となった霞ヶ浦航空隊に着陸した。そこで少尉たちは自らの訓練とともに新しく入隊した者たちの滑空訓練やグライダー訓練の教官を勤めた。

四月二十二日は本来であれば「試飛行」の予定日であったがロケットエンジン不調のために「試飛行」は延期されていた。同日、霞空の第一分隊の十六名は神奈川県山北に空技廠が設けたロケットエンジン実験場へ見学に行くよう命じられた。しかし、トラブルが続き一向に実験は始まらず、結局実験には立ち合えず霞空に帰ることとなった。山北で全力三分間の運転に成功したのはそれから二ヶ月後であった。

山北での全力運転成功の報を受けた霞空の秋水隊では、十六人の中尉たち（全員が進級済み）がいよいよ「軽滑空機秋草」での訓練を開始した。犬塚大尉の飛行を見ていたので緊張しなかった者、大いに興奮した者それぞれだったようである。ところが全員一致しているのが「着陸だけは勘弁してほしい」という感想だった。外見に似ず、操縦性、安定性も良好で気持ち良くスタントまでこなした後に着陸体勢に入った。橇も無事に出て草の上をサラサラとした音をさせながら、さぁ着陸と思った瞬間、頭を押さえ付けられたように床しか見えなくなり、なんとか体を引き起こそうとしてもどうにもならなかった。そうこうしているうちに、ポコンと上半身が起き上がると「軽滑空機」は横を向いて停止していたという。

「120キロぐらいで走っていた自動車のタイヤが突然なくなってしまったようなものです。何回もやりたいとは思わなかったですね」
　高田氏の感想が大多数の意見を代弁する。

写真9　日本初の有人ロケットの飛行が始まる（→p.75）

写真10　昭和二十年七月七日、ついに秋水は飛んだ（→p.75）

　それでも怪我人が一人も出なかったのは、それだけ十六人の技量が高かったと思われる。
　昭和二十年七月七日の追浜飛行場、何としても一度「試飛行」を決行しなければという司令の命に、最後の不眠不休の努力を続けた技術陣、隊の整備陣の努力が実り、ついに「試飛行」を迎えた。十六人の中尉たちにもそれぞれ役割が与えられた。
　予定の時間を過ぎても完了しない整備に中尉たちも焦りを感じだしていた。特別製の飛行服をまとった犬塚大尉が松本俊三郎中尉のところへ来た。
「おい、まっちゃん。俺の航空時計どうも調子が悪いんだ。どうだ、交換してくれんか？」
「はい、私のはばっちりです。どうぞ使って下さい」
　大役を前にしても普段と変わらず冷静な犬塚大尉に松本中尉は「これなら大丈夫」と安心したという。
　整備がようやく整い、犬塚大尉は操縦席についた。三菱エンジン設計陣の持田勇吉技師は、技術陣に対しても非常に誠意ある態度で接してくれた犬塚大尉に感謝を込めて握手を求めた。犬塚大尉は少し微笑んで、持田技師の手を握ったという。整備分隊長の廣瀬大尉は、もしもの時はまっすぐ東京湾へ着水するよう犬塚大尉に念を押した。救助艇を準備してあるし飛行機も次のがあるので、絶対に無理をしないよう伝えた。
　時に昭和二十年七月七日午後四時五十五分。秋水は白煙と轟音を引きながら滑走を開始した。離陸距離測定員の高田中尉の目の前で離陸、車輪投下も成功した。山下飛行長が離陸成功を確認し合図の白旗をあげた。三菱、空技廠、見学の将校たちから期せずしてあがる万歳の声。そのまま急上昇、高度350m付近で突然パンパンパンと異音とともにエンジンが停止した。直進してくれという廣瀬大尉の願いも空しく、秋水は右旋回、滑走路への帰投コースを取りはじめた。絶対に「試飛行」を失敗には終わらせない、この機体を失うわけにはいかないという犬塚大尉のかたい決意が取らせた行動だったと思われる。途中、エンジンの再起動が二度、試みられたが果たせず。やがて甲液の非常投棄が始まった。放出を開始した甲液がコクピット内に侵入したか、重滑空機よりも思いのほか沈下率が高かったた

めか第四旋回が一、二秒遅れた。秋水の目前に迫る施設部の建物を越そうと機首上げ、失速気味となって監視塔に右翼が接触、そのまま不時着大破した。甲液の漏えいによる爆発の危険を顧みず整備分隊の工藤有範中尉は犬塚大尉を秋水から引きずり出した。重傷を負った犬塚大尉は、鉈切山の防空壕に作られた医務室に運ばれた。遠藤始軍医長が必死の治療を施したが、頭蓋底骨折では手の打ちようがなかった。松本俊三郎中尉が付き添っていると柴田司令が病室を訪れ、犬塚大尉に何か欲しいものはないかと尋ねた。犬塚大尉がカルピスを飲みたいと言うと、司令は衛生兵に急いで取って来させた。すでに飲む力のない犬塚大尉に衛生兵は脱脂綿に含んだカルピスを口にあてた。「あぁ、うまい」といった犬塚大尉は、しばらくして静かに息をひきとった。七月八日午前二時過ぎのことであった。

中尉たちは順番に二人づつ亡くなった犬塚大尉に付き添うこととなった。三角中尉と高田中尉が付き添っている時、高田中尉はあまりの悲しさに「もうこれで秋水も終わりかもしれない」とつぶやいた。そのとたん、吊るしていた蚊取り線香が地面に落ちカランカランとまるで金属のような音をたてた。
「きっさっま！ 俺たちが秋水をやらんで、だれがやるんだ！」
三角中尉は思わず大声で高田中尉を叱りつけた。
「きっと、分隊長に怒られたんだ。すみません」
と高田中尉は再び犬塚大尉に手をあわせ詫びたという。今でも、なぜあの時あのような金属音がしたのか三角氏、高田氏ともに分からないという。翌日、犬塚少佐（殉職後特進）の海軍葬が行なわれた。式が終わり犬塚少佐

写真11 犬塚少佐（殉職後特進）の海軍葬の模様（→p.83）

と同期の山崎分隊長が遺骨を持ち軍の車の後部座席に乗り、その両側を中尉たち二人が遺品を持って世田谷にある犬塚少佐の実家まで行くことになった。高田中尉は遺影を助手席に乗せようと前屈みになり座席に置いた。そこで、高田中尉は犬塚少佐とお別れするはずであった。いざ、体を車から出そうとすると短剣がどこかに引っ掛かってどうにも出せない。すると、山崎分隊長が
「高田、乗っちゃえ」
と小声でいった。
「えっ、わたしは、でも」
と高田中尉が躊躇していると、今度は少しきびしい声で
「いいから、乗っちゃえ！」
と再び言った。

思いきって乗り込んでしまった高田中尉が遺影を抱え過ぎ去っていくのを山形飛行隊長が
「あれぇ、高田中尉乗ってちゃったなぁ」
と見送ったそうである。高田中尉の実家は犬塚分隊長と同じ世田谷にあった。ある休日、実家に向かう途中の高田中尉は犬塚分隊長に家に寄っていかないかと誘われた。あいにく

所用で断ってしまったことが、中尉にとって少し心残りであった。
「きっと、今日は分隊長がご自宅まで、連れていってくれるんだ」
高田中尉は車に揺られながら、そう考えていたという。
司令の命令により開かれた事故糾明委員会では、隊側が試験飛行を撮影した16ミリフィルムをもとに、燃料タンクの取入口が機体前方に取り付けられていたため、秋水が急角度で上昇している途中、燃料タンクも傾き燃料供給が断たれロケットエンジンが停止したことを説明した。三菱の設計ミスだと、なじる声があがった。機体設計の責任者高橋技師が
「ただ今のご説明の通りだと思います」
と非を認めた。いくぶん、刺々しい空気が和らいだ。その時、柴田司令は立ち上がり
「せまい追浜飛行場を選んだこと、燃料を三分の一しか積まなかったことが事故原因であり、すべての責任は自らにある」
と宣言し、この困難を乗り越え一致団結し秋水の完成に邁進するよう告げて会議を終了した。潔い司令の発言に感銘を受けるものが多かった。
次のテストパイロットは清水敦大尉。飛行隊分隊長を補佐する飛行隊士の職にあったからだと思われる。しかし次回の「試飛行」の予定は徐々にずれていき八月十日か十五日としているうちに終戦となってしまった。霞空では山下副長が
「勅命が下りたのだ。軽挙盲動は許さん」
と部隊を押さえた。三角中尉たち十六名は山形飛行隊長から、すぐに機密書類を焼却し復員せよと命令された。残念ながら秋水についての書類は、この時そのほとんどが焼かれ

た。三角中尉たちが隊を去る前の晩、山形飛行隊長と山崎六分隊長が十六人の中尉達を士官食堂に呼んだ。「試飛行」が成功したらみんなで飲むつもりだったいうシャンパンを取り出し「別れの盃」だとついでまわった。全員で飲み干した後、飛行隊長と分隊長は出口の両脇に立ち
「海軍でもらったものはすべて置いて行ってくれ」
と十六人に言った。寂しさを感じながらも十六人は隊を去って行った。
病気入院していた小野初代隊長は八月に入ると鎌倉の自宅で療養していたので、玉音放送は畳の上に正座して聴いた。かつて兵学校生徒時代、行幸で兵学校を訪れた天皇を旗手として迎え、直に声をかけらえた経験を持つ小野少佐は終戦を告げる天皇の声に涙を押さえきれなかった。翌早朝、横須賀鎮守府から参謀肩章をつけた同期生が訪れ、即刻機密書類を焼くように告げ足早に帰っていった。小野少佐と富佐夫人は秋水に関するすべての書類を朝から風呂の焚き付けに使い焼却していく。焼却はなかなか終わらず夕方までかかったという。
こうして機密兵器であった秋水の関係資料は、そのほとんどが焼却されてしまった。戦前の有人ロケット開発計画は幻と消え、その歴史は永く封印されることとなった。
祖国を焼きつくすB-29に一矢報いんとロケット戦闘機にかけた男たちはその想いを果たすことなく市井に生きる人々に戻っていった。しかし、彼等の胸には今なお、過酷な訓練に耐えた日々、「秋草」で大空を飛んだ日々、兄とも慕う犬塚分隊長を失った悲しみが若い頃の思い出とともに焼きついている。　■

終戦とともに
With the end of the war

終戦とともに日本の軍隊という組織は解体された。秋水隊も解散となり故郷に帰る者、職を探す者それぞれの戦後が始まった。

171 : After the withdrawal of the air group, the Yamakita rocket engine test site was used as a junior high schoolhouse. The test site facilities can be seen behind the students in this graduation photo.

172 : "After the air group disbanded, I aimlessly wandered around Shinjuku for about a year," says Misumi, with a meaningful laugh. Ito is on the left, with Misumi on the right, having traded in their flight uniforms for suits.

173 : "I soon visited the school from which I graduated. The head instructor there introduced me to a mining company. From that point on, I concentrated on the development of underground natural resources," says Shunzaburo Matsumoto (second from the left), whose life took a 180-degree turn, going from the skies to underground.

171：山北のロケットエンジン実験場は部隊撤収後、新制中学校の校舎として使われた。卒業祈念写真の生徒たちの後ろが実験場施設。校舎右手に甲液貯蔵プールがあった。

172：「部隊解散後は一年間ぐらい新宿でブラブラしてました」と三角氏は笑いながら少し意味ありげに話す。飛行服を脱ぎスーツ姿になった伊東氏（左）と三角氏（右）。解散後も交流が続いていた。

173：「すぐに学校（秋田鉱専）に顔を出しました。担当教官が鉱山会社を紹介してくれました。それから地下資源ひとすじでした」松本俊三郎氏（左から二人目）の人生は空から地下へ、180度転換した。

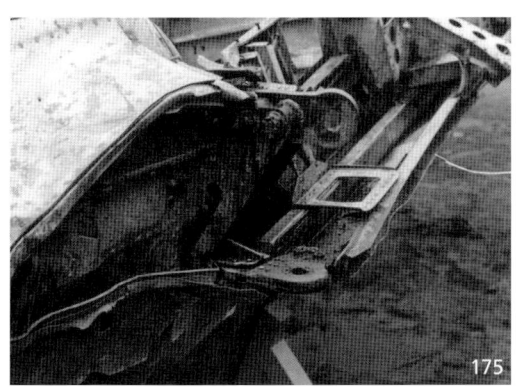

174, 175：昭和三十六年日本飛行機杉田工場の敷地内から航空機のものと思われるジュラルミン製の胴体が掘り出された。当時の関係者により「秋水」の胴体であることが判明した。

176：この胴体はその後、航空自衛隊に寄贈され岐阜基地において展示された。「秋水」の前に立つのは、戦後航空自衛隊に入った松本豊次三佐。

174, 175 : In 1961, a duralumin fuselage, thought to have belonged to a military air group, was found on the premises of Japan Aircraft Manufacturing's Sugita Factory. This was confirmed to be a Shusui fuselage by individuals connected to the project at the time.

176 : This fuselage was later donated to the Japan Air Self-Defense Force (JASDF), and was put on display at Gifu Airbase. Standing in front of the Shusui is Major Bonji Matsumoto, who entered the JASDF after the war.

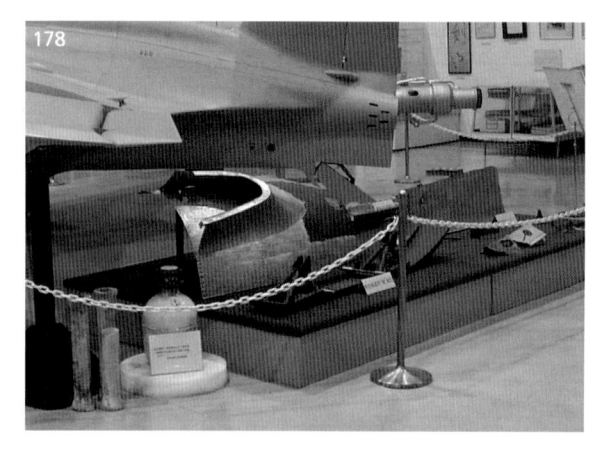

177：平成となり、秋水の残骸は航空自衛隊よりかつての開発メーカー三菱重工に譲渡された。秋水を復元するためであった。二年以上の歳月をかけ平成十三年に復元された秋水は三菱重工名古屋航空宇宙システム製作所史料室に展示されている。

178：復元機の脇には使用できなかった胴体部品も展示されている。

179：平成十五年にはロケットエンジン「特呂二号」のレプリカも制作され展示されている。

177 : The JASDF transferred the remains of the Shusui back to its original maker, Mitsubishi Heavy Industries, where it was finally restored in 2001, after taking two long years to complete. This Shusui is now on display at the Mitsubishi Heavy Industries Nagoya Aerospace Systems Manufacturing Plant.

178 : Unused fuselage parts were also displayed next to the restored aircraft.

179 : In 2003, a replica of the Toku-Ro No. 2 rocket engine was also built and put on display.

秋水戦搭乗員会
Shusui Pilot's Association

昭和四十年代に入り、すっかり戦後の様相も消え、人々の暮らしも落ち着きを取り戻していた。そして、高度成長と呼ばれた好景気は人々の暮らしを豊かにし、過去を振り返る余裕が生まれた。

昭和４１年の手紙から

〈注〉この手紙は、松本（豊次）の発信に返信せる玉井（旧姓原田）精三（昭和47年12月13日死亡）の手紙の要約です。

拝復　お手紙懐かしく拝見いたしました。
　十年一昔といいますが、二昔前お互いに短剣ぶら下げて張り切っていた時代があったわけですから夢の様です。
　私は海軍在隊中から一応建設会社に籍がありましたのでそのまま復職、軍隊の転勤、転勤の要領で大分歩き回り、目下大阪市内のビル建築担当です。秋水時代の旧き良き友の近況、私の連絡の付いている範囲内でお知らせいたしましょう。
　先ず分隊長の山崎雄蔵氏（昭和56年7月5日死亡）は千葉市在住で健在です。隊員では北の方から順に南へとたどると、梶山正雄君は札幌にて建設会社の重役さん、堀谷清衛君と成田真一君は青森県、音楽の好きな何でも器用な高田幸雄君は一時新宿で音楽関係のメンバーでしたが今年の年賀状では生保会社に勤務されたよし。鈴木昭利君は貴殿からのお便りの通り、八戸の長い生活から、千葉県の基地へ転属。悠々せまらざる大人、伊東弘一君は、市会議員になり。岡野勝敏君はおとなしく愛媛県にて小学校の先生をして居られます。従って、北村、成沢、秋葉、三屋、三角、小菅、松本俊の7氏は不明であります。
　文字どおり北海道から九州まで、歩いてきた道も人様ざま、そして人生峠を越してお互いに頭も薄くなりかけて参りました。一度昔のことを思い起こして機会を得て集まりたいものです。
　先ずは取りあえず近況お伝えしました。
　貴兄の居られる岩国は、九三中練を鹿屋から霞空へ空輸の途中着陸、私の機体も途中海上で燃圧が異常に上昇し、注射ポンプをつきながらやっとたどり着き、整備員が調べたら、燃料エレメントにカスが溜まりガソリンの流れがもう少しでストップする所で全く冷や汗をかいた忘れ難い所です。
　貴殿お便りでは、整備の分隊士の工藤君が近くとか、会われたら宜しくお伝え下さい。
　では、貴殿のご健勝をお祈りし、旧友の皆様に連絡がついたら宜しくお伝え下さい。
　　　　　　　　　　　　　　　　　　　　　　　　　敬具

180：十三期予備学生の戦没者慰霊の会『白鴎遺族会』で偶然再開した左から、高田幸雄氏、松本俊三郎氏。

Sachio Takada (left) and Shunzaburo Matsumoto met by coincidence at a memorial service for 13th Term Naval Reserve Officers who died in the war.

181：松本俊三郎氏が小野二郎氏の所在を突き止め、在京者で集まった。前列左から高田幸雄氏、鈴木晴利氏、小野二郎氏、三谷嘉夫氏。後列右から松本豊次氏、松本俊三郎氏、三角秀敏氏。

182：靖国神社参拝後。左から松本豊次氏、高田幸雄氏、小野二郎氏、ひとりおいて松本俊三郎氏、三谷嘉夫氏。

181 : Discovering Jiro Ono's whereabouts, Shunzaburo Matsumoto met there with others who lived in Kyoto. In the front row from the left are Sachio Takada, Harutoshi Suzuki, Jiro Ono, and Yoshio Mitsuya. In the back row are Bonji Matsumoto, Shunzaburo Matsumoto, and Hidetoshi Misumi.

183：鎌倉の小野邸にて。右から高田幸雄氏、松本豊次氏、小野二郎氏、三角秀敏氏、富佐夫人。

184：同じく小野邸にて。部隊時代より変わらず、隊長も部下も酒の飲みっぷりはよかったようだ。

185：元気だった小野二郎氏も平成三年帰らぬ人となった。墓前にて。

182 : After worshipping at Yasukuni Shrine. From the left are Bonji Matsumoto, Sachio Takada, and Jiro Ono. Standing separately are Shunzaburo Matsumoto and Yoshio Mitsuya.

183 : The Ono residence in Kamakura. From the right are Sachio Takada, Bonji Matsumoto, Jiro Ono, Hidetoshi Misumi, and Ono's wife, Fusa.

184 : The Ono residence. Just as in their air group days, the commander and his subordinates still enjoyed drinking together.

185 : Although he was always in good health, Jiro Ono passed away in 1991. At the grave.

186, 187 : Nobuyuki was a 13th Term First Grade Naval Flight Cadet. He began flight operations (aerobatics / formation flying) from October 10th, 1944. From late November, skis replaced the wheels on the Type 93 Intermediate Trainers due to snow, and training continued.

秋水会に集いて
Shusui Association Gathering

秋水会は秋水のテストパイロット、十三期予備学生以外にも秋水に関わった出席者がいる。

186, 187：安嶋信之氏は第十三期甲種海軍飛行予科練習生出身。昭和十九年十月十日より神町空にて飛行作業（特殊飛行・編隊飛行）を開始。十一月下旬頃より、積雪のため車輪の代わりに橇をつけた九三中練で訓練を続けた。

188, 189：藤城浩三氏（写真188）。吉村利雄氏（写真189）。彼らは飛行機による「空中特攻要員」に選抜されて嬉しかったという。「だって、せっかく予科練に入ったのだから、海中や海上でなく空で死ねるのでしたら本望でしたよ」と藤城氏は語る。

188, 189 : Kozo Fujishiro. On the right is Toshio Yoshimura. It is said that they were pleased to be selected as "aerial suicide attack group members." Fujishiro said, "After all, since I was a naval flight cadet, I thought I'd rather die in the skies than on or under the sea."

190：神町空で九三中練による特攻隊員に選ばれた三十人。前列右から三人目安嶋氏。この内から九名が秋水要員として昭和二十年五月、霞空の三一二空に着任した。

191：第十四期甲種海軍飛行予科練習生の内、800名は昭和二十年六月より「土浦海軍航空隊秋田分遣隊」として秋田県大野台でのグライダーよる滑空訓練を開始した。

190 : Training on Type 93 Intermediate Trainers at Jinmachi Airfield, 30 members were chosen for a suicide attack group. In the front row third from the right is Ajima. Of those 30 individuals, 9 became members of the Shusui project, reporting for duty at Kasumigaura Airfield's 312th Naval Air Group in May of 1945.

191 : 800 14th Term First Grade Naval Flight Cadets began glider training at Tsuchiura Naval Air Group's Akita Detachment in Onodai, Akita Prefecture, in June of 1945.

192 : A Shusui confiscated by the American military. The registry number is A-25. It is highly possible that this airframe is "Mitsubishi-Produced Aircraft No. 403."

193 : The same aircraft, from the side. The registry number "A-25" can easily be seen here. The registry number "FE-300" is written on the dolly's nameplate. "FE" stands for "Foreign Equipment."

194 : This picture was thought, for a time, to be of the reassembled parts of the post-crash, test flight Shusui, seen sometime after the war. It was actually taken at Glenview Naval Air Station in Illinois, USA.

秋水アメリカへ
Epilogue: The Shusui Heads to America

1945年11月16日、秋水は他の日本軍機と供に横須賀から空母に積まれアメリカに接収されていった。調査研究のためである。現在そのうちの一機の秋水とロケットエンジン「特呂二号」がカリフォルニア チノにある私設博物館「プレーンズオブフェイム」に展示されている。

192, 193：アメリカに接収された秋水。登録番号「A-25」。写真193では同じ機体を横から見る。この機体が「三菱製第403号機」である可能性が高い。「A-25」と書かれているのが良くわかる。台車の名板には「FE-300」との登録番号がつけられている。この「FE」とは「Foreign Equipment (外国製)」の略である。

195：The Shusui, deteriorating at Glenview Naval Air Station. After these pictures were taken, this airframe was scrapped.

105

USS「バーンズ」(CVE) 積載の日本軍機の目録
1945年11月3日報告

航空機形式	機数	製造番号
キ-44「トージョー」(中島2式戦闘機「鍾馗」)	2	1977, 1841
キ-45改「ニック」(川崎2式複座戦闘機「屠龍」)	1	4268（NASM＝国立航空宇宙博物館）
キ-46改Ⅲ（三菱100式3型改防空戦闘機）	4	5444, 5453, 8053, 8058
キ-48「リリー」(川崎99式双発軽爆撃機)	1	1089
キ-84「フランク」(中島4式戦闘機「疾風」)	2	2366, 3060
キ-102b（川崎試作襲撃／戦闘機乙型）	1	1116
A6M7「ジーク63」(三菱 零式艦上戦闘機63型)	1	23186（NASMからサンディエゴへ貸出中）
B6N1「ジル12」(中島 艦上攻撃機「天山」12型)	2	91112, 91210
B6N2「ジル13」(中島 艦上攻撃機「天山」13型)	1	5752
B7A「グレーズ11」(愛知 艦上攻撃機「流星」11型)	2	278, 387
C6N1「マート11」(中島 艦上偵察機「彩雲」11型)	4	735, 1308, 3379, 4161（NASM）
D4Y3「ジュディー11」(空技廠 艦上爆撃機「彗星」11型)	1	328
D4Y3「ジュディー12」(空技廠 艦上爆撃機「彗星」12型)	1	3199
D4Y4「ジュディー33」(空技廠 艦上爆撃機「彗星」33型)	2	1620, 1959/743
D4Y4「ジュディー43」(空技廠 艦上爆撃機「彗星」43型)	4	1831/307, 1833/309, 3177/917, 31537/713
J1N1-S「アービング」(中島 夜間戦闘機「月光」11型)	1	7334（NASM）
J5N1「天雷」	2	11, 16（NASMに部品）
J8M1「秋水」	3	81, 403, 504（プレーンズ・オブ・フェイム）
M6A1-K「南山」	1	46/91
N1K1-J「ジョージ」(川西 局地戦闘機「紫電」)	2	7287, 7317
N1K2-J「ジョージ」(川西 局地戦闘機「紫電改」)	4	71, 533, 5218, 5341
P1Y「フランシス」(空技廠 陸上爆撃機「銀河」)	1	4867
Q1W1「ローナ」(九州 陸上哨戒機「東海」)	2	37, 170

▲秋水をアメリカに運んだ航空母艦「バーンズ」の積み荷リスト。三機の秋水が移送されたことがわかる。

194：戦後の一時期、「試飛行」不時着後の秋水の部品を集めて終戦後に撮影されたといわれた一枚。実際にはアメリカのイリノイ州グレンビュー海軍基地で撮影されたもの。

195：同じくグレンビュー海軍基地で朽ち果てていく秋水。この機体は撮影後スクラップ処分されたようだ。

196：「秋水アメリカで飛行」の見出しとともに掲載されていた「FE-300」秋水。しかし、飛行したという記録は遺されていない。「アメリカは秋水を飛ばしたはずです」二人の秋水関係者から聞かされた言葉だったが、それを検証するには、あまりに時間がたち過ぎていた。

196 : Headlines were published about the FE-300 Shusui, proclaiming "Shusui Flies in America." No record of such a flight exists, however.

197, 198：ようやくたどり着いたアメリカでの秋水の足跡。1946年7月24日付、カリフォルニアの邦字新聞『羅府新報』は近日中にロッキード飛行場において「秋水」が展示されると報じている。

197, 198 : At long last, the Shusui finally makes an impression in America. Dated July 26th, 1946, the California-based Japanese language newspaper "Rafushinpo" reported that the Shusui would be put on display at Lockheed Airfield "in the near future."

「米国へ接収された秋水」
膨大な資料の中から蘇る接収された秋水の真実

アのプレーンズオブフェイムに一台が現存するのみである。

「三機の機体にはA-24、A-25、A-26と登録番号が与えられた」とする説があるが「A-26」は別の日本軍機の登録番号であり、ひとつ前「A-23」はアメリカ側のリストからも漏れていることから実際に登録番号与えられたのは「A-24」と「A-25」（写真1）の二機だけであったと考えられる。

写真1　アメリカに接収された秋水 （→p.105）

終戦とともに進駐して来たアメリカ軍は機密兵器であった「秋水」の接収を最優先事項のひとつとしていた。「いきなりMPとともに来て秋水を五機出せといわれた時は驚きました」「何だかんだと集めて三機出したと思います」当時、空技廠技術大尉だったN氏は回想する。さらに機密兵器であった「秋水」に関し相当知識を持っているようで、その諜報力に驚かされたという。

終戦より三ヶ月後1945年11月16日、アメリカの航空母艦『バーンズ』は45機の日本軍機を積み横須賀を出港した。この『バーンズ』の積み荷リストの中に「航空機型式J8M1、機数3、製造番号81、403、504」と書かれた箇所がある。ここから三機の秋水の機体がアメリカに運ばれたことがわかる。いっぽう、ロケットエンジンは二台運ばれたという関係者の証言が残っているが、カリフォルニ

このことから、輸送の途中でハリケーンに遭遇し一機は海中に没したといわれているがこれも証拠はない。陸揚げされた機体は一機がイリノイ州グレンビュー海軍基地、一機はオハイオ州ライトパターソンのライトフィールド陸軍基地に運ばれた。調査の後、スクラップになるところであったライトフィールドの機体を払い下げられたのが「プレーンズオブフェイム」の館長エド・マロニー氏である。これが「三菱製403号機」の名板のついた機体である。

グレンビュー海軍基地の崩れかけた秋水は「日飛製81号機」だった

グレンビュー海軍基地の機体については、その写真が崩れかけた秋水の姿（写真2）であったため、戦後一時期「試飛行」で不時着大破した機体の写真といわれたこともあった。

写真2　グレンビュー海軍基地の秋水（→p.107）

写真4　日本飛行機製秋水一号機（→p.87）

写真3　事故原因究明のため分解された秋水（→p.82）

色、量産機は濃緑色であったといわれているが、これをモノクロ写真からは判断できない。次に日本飛行機山形工場で完成した秋水（写真4）を御覧いただきたい。

　量産機であるため型式には「秋水」とかかれている。同じくグレンビューの機体にも「秋水」とかかれている。もし三菱製403号機または504号機ならば「試製秋水」となるはずだから、グレンビュー海軍基地の崩れかけた秋水が「日飛製81号機」だったことは間違いない。

　しかし不時着大破した後、調査のため分解された写真（写真3）を見れば明らかなようにまったく、別の秋水である。
　グレンビュー海軍基地の機体は、朽ち果てようとしている。次に三菱機体設計陣の中村武氏所蔵の資料「試製秋水註文要領書　昭和二十年一月十日　軍需省航空兵器総局」（資料1）を御覧いただきたい。
「七、符号」の箇所に、
　（一）練習用滑空機体「試製秋水滑空機」
　（二）実用機体「試製秋水」
　と書かれている。つまり、重滑空機の型式は「試製秋水滑空機」であり、実用完備試作機第201号機から第504号機までは「試製秋水」であったことがわかる。確かにプレーンズオブフェイムの三菱製403号機には「試製秋水」とかかれている。「秋水」の試作機はオレンジ

チノに残る「三菱製403号機」と「重滑空機」の謎への一つの回答

　エド・マロニー氏がライトフィールド陸軍基地から「秋水」を譲り受けた時は破損がひどくスクラップ寸前だった。そこで、彼のスタッフたちは「秋水の練習用滑空機MXY8」から部品を取り復元したという。「MXY8」は「軽滑空機秋草」である。「秋草」は全木製羽布張りであるから、実機への転用または部品取りは考えられない。おそらくは「重滑空機」と勘違いしたのだろう。しかし、「重滑空機」を米国へ移送した記録はない。永らく、この二機合体説は検証されてこなかったが、各種資料から「一つの回答」を用意してみたい。そのためにはもう一度「重滑空機」製作過程から洗い

直してみなければならない。
　資料1の「三　完成期」の項目には、
　　（二）練習用滑空機　第一号機　昭和十九年十二月十五日
　　第二号機　昭和十九年十二月二十日
とかかれている。一号機より五日遅れで二号機の製作は進行していたようである。昭和二十年一月八日に一号機は初飛行に成功し、「二号機の製作を急ぐことはない」との結論に達したとされている。結局「重滑空機」は終戦時まで海軍には一機しか納入されなかったと霞空にいた秋水隊員は証言する。そのため昭和二十年七月には陸軍航空審査部の荒蒔少佐が訓練のため、霞空から柏基地に「重滑空機」を空輸している。この空輸の事実からも軍には一機しか納品されなかったと考えるのが自然だ。
　この空輸時、荒蒔少佐操縦の重滑空機を曳航したのは海軍の沢田兼吉少尉操縦の天山であった。「山形飛行隊長に呼ばれ、柏基地まで天山による重滑空機の曳航を打診されましたが、自分より数段飛行時間が長い沢田さんのほうが適任ですと応えました」霞空で同期たちの乗る「秋草」を天山で曳航していた千木良晋作氏は語る。

写真5　写真手前右から千木良晋作中尉、掘谷清衛中尉。サングラスをかけているのは高田幸雄中尉

　この機体は終戦時、柏基地で焼却処分された。では、五日遅れで製作されていた二号機はどこへいってしまったのだろうか。いくら無理な注文とはいえ軍の要求に、メーカーが「初めから二号機は造っていませんでした」というのは無理がある。完備機試作の状況は中村武氏の資料からもわかることだが、試作機用のパッキンひとつが全国どこでも手に入らず、しかたなく試作四号機から取り外し、これを試作一号機に装着し強度試験を行なっている。それほど資材が欠乏していた。このような状況下に、途中まで製作していた「重滑空機二号機」をそのまま放っておくとは考えにくい。「重滑空機」は「実用完備機」から兵装、燃料タンク、エンジンを除いたもので他は「実用完備機」と同一であったとされている。「重滑空機一号機初飛行」が行なわれた昭和二十年一月初旬の「実用完備機」の進行状況は一号機、二号機が進行はしていたが、三号機、四号機の製作には取りかかっていなかったようである（資料2）。ならば、製作途中の「重滑空機二号機」を実用完備機「三号機」もしくは「四号機」に転用したとは考えられないだろうか。「重滑空機二号機の製作を急ぐ必要はない。実機の完成を急いでほしい」と初飛行を終えた犬塚大尉の所見からも転用の可能性を読みとれる。犬塚大尉が「重滑空機」での訓練をあまり必要と感じていなかったのは、その後、四回まで行なわれた「重滑空機」での飛行がもっぱら三菱による機体の「試験」が目的だったことからもわかる。犬塚大尉はメーカーのためにテストパイロットを勤めていたに過ぎない。「秋水」が完成し量産機が多数生産されるようになれば、「完成機」から一部装備を除いた「重滑空機」を製作することは容易なはずだ。それまでは、とにかく一台あれば「試験」は可能であり、搭乗員訓練用には「秋草」で充分と考えたのが前記「重滑空機」に対する所見であったと考えられる。「重滑空機二号機」をベースにした「実用完備機」はおそ

試製秋水註文要領書

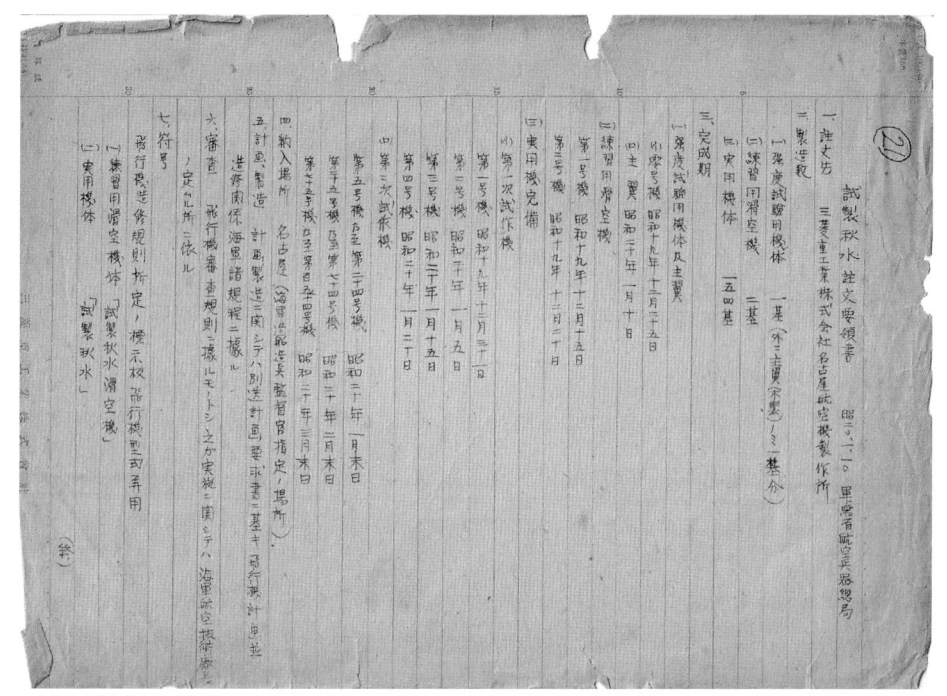

昭和二十．軍需省航空兵器総局
三菱重工業株式会社名古屋航空機製作所

一、註文先
二、製作数
  (一) 強度試験用機体　一基（内主要部分ノミ三基分）
  (二) 練習用滑空機　二基
  (三) 実用機体　一五四基
三、完成期
  (一) 強度試験用機体及主要
  (二) 練習用滑空機　昭和十九年十二月二十五日
  (三) 実用機体
    第一号機　昭和十九年十二月二十日
    第二号機　昭和二十年一月十日
    第三号機　昭和二十年一月十五日
    第四号機　昭和二十年一月二十日
    第五号機　昭和二十年一月末日
    第六号機乃至第十四号機　昭和二十年二月末日
    第十五号機乃至第四十号機　昭和二十年三月末日
四、納入場所
  名古屋（海軍監督官指定ノ場所）
  製造関係ハ緊急ノ場合ニ於テハ別途計画要求書ニ基キ飛行場所ニ
  輸送（海軍輸送機関ニ依ル）モトシ之ヲ実機ニ関シテハ海軍航空技術廠
五、計画要領
  飛行機基準規則、標準規則ニ依ル
六、審査
  飛行機基準規則、標示校正飛行機式共用
七、行号
  (一) 練習用滑空機　『試製秋水滑空機』
  (二) 実用機体　『試製秋水』
  山梨第二海軍航空廠

資料1　試製秋水註文要領書

出張報告

件	名	実験機整備ニ関スル下打合セ（13日13時ヨリ一技廠藤号ニテKR実験並整備ニ関スル会議アルタメ
日時	昭和二十年六月十一日十八時ヨリ　所　三一空士官室
出張場所	一、技廠　隈元少佐　中口技大尉　（高橋課長山北ヘ出張不在）
者氏名	二、三一空　松島大尉　左瀬大尉
昭和　年　月　日	三、弊社　中村技師、吉田技師 日飛　田島課長、田中技師

内容
1、号機整備状況（梁技師）
  1号機完了　2号機燃料系統圧、11日ヨリ実施 15日頃終了予定
  3号機 今月末　4号機 六月二十四日　残工事 油圧試験 燃料系統圧
打合 (イ) 整備機数
  二機トシ 1号機地上運転用、2号機飛行用ト致シタシ
  (ロ) 所要期間（原動機ヲ受領シテヨリ）5日　員ハ現在20名 内6名ハ要残工事ニ充当
  (ハ) 分担 三菱（日飛ソノ他ヨリ）応援ヲ要セザル見込
  (ニ) 概略ノ時期
  6月14日　原動機 機体側ヘ引渡シ　6月20日　機体完備
  ブースターポンプノ件
  最初ハ ブースターポンプ 装備セズ
  1号機用　金員 6月18日迄（日飛ニ依頼）ニ流シカカリ カカルアトハズナカ

資料2　『実験機整備に関する下打合わせ』出張報告

写真6 『天山』に曳かれ離陸する「重滑空機」(→p.53)

最大の謎
「秋水は米国で飛行したのか」追跡調査報告

プロローグ

らく第504号機と思われる。資料2の整備状況ですでにお気付きの読者もいると思われるが、不思議なことに四号機よりも三号機の整備が遅れている。これは、完成間際の「重滑空機二号機」を四号機に転用したため起きた逆転現象と思われる。504号機はアメリカに接収される時点で、「転用の事実」または81号機、403号機と異なった形状の「理由」を日本側から告げられたのかも知れない。アメリカで撮られた81号機、および403号機といわれる「A-25 (FE-300)」の写真にはどちらも棒状のアンテナが写っている。いっぽう、唯一の「重滑空機」といわれる写真(写真5)にはこの形状のアンテナは見られない。

そして現在、プレーンズオブフェイムに残されている機体にはアンテナそのものがなくなっている。

「三菱製第504号機は重滑空機二号機を転用して製作された。プレーンズオブフェイムの三菱製403号機の修理復元の際にはこの504号機が利用された。これをもって、プレーンズオブフェイムのスタッフは復元された403号機にはMXY8の部品が使われていると証言する」

以上が、「三菱製403号機」と「重滑空機」の謎に対する「一つの回答」であるが、あくまでも状況証拠を積み上げた後、最大公約数的に導き出された結論であることを付記しておきたい。

平成十五年九月下旬、元秋水テストパイロットの方々とともに同じくテストパイロットだった隊員の御遺族のお宅へうかがった。映像資料『幻の有人ロケット秋水』(発行／西東京ITサービス)を製作するための調査をすすめる過程では、三角秀敏氏が元隊員やその御遺族にまで貴重な写真の借用をお願いして下さっていた。「彼は戦争中のことは何も話さず亡くなったらしい。御家族は奥さんと娘さんがお一人だけのようだ」という三角氏の話しに「お線香をあげにいこう」ということになった。終戦時に別れて以来、戦後再会することもなく逝ってしまった戦友の家族に「彼は多くの同期の中からたった十六人しか選ばれなかった秋水という日本初の有人ロケットのテストパイロットだったのです」と話しておきたいとの気持ちからであった。約束の時間に少し遅れて到着した我々を夫人と娘さんが出迎えてくれた。通された部屋には仏壇があり、その傍らに我々が製作した「秋水試飛行CG」から離陸するシーンをプリントしたものが飾られていた。三角氏に進呈したものを写真のお礼にと、夫人に贈っていてくれていたとのことであった。

「本当にうちの人は何も話さなかったものですから」

「小さい頃、ひざの上に載せて同期の桜を歌ってくれたのは憶えています」

若くして亡くなった夫、父への思い出とも

に戦時に日本初の有人ロケットのテストパイロットをしていたことに対する驚きが会話の中にあふれた。どうしてそんな大役にえらばれたのでしょうか。お二人がどうしても聴きたいことのひとつが選抜の理由であった。
「う〜ん、実は我々もよくわからないんです」
と応えた高田氏が松本氏と三角氏をみる。
「いやぁ、初めはみんなで俺たちは優秀だからといっていたんですが。ところが仲間の中に、俺は優秀じゃなかったよ、と言い出すものがおりまして」
松本氏が楽しそうに話す。
「でも、御主人は操縦がうまかったですよ」
三角氏が話すとほかの二人もそうだ、そうだとうなずいた。その後も、在隊時の思い出や戦後の話が続いた。
「そういえば、秋水はアメリカで飛んだらしいですね」
会話の途中、夫人が意外なことを言った。つい二週間ほど前、同じことを聞いたことを思い出した。元呂號委員の廣瀬行二氏からも、秋水はアメリカで飛行したはずと聞かされていた。ちょっとお待ちくださいといって別室に行った夫人は、一枚の雑誌の切り抜きを持ってきた。そこには、初めてみる秋水の写真とともに「秋水アメリカで試験飛行」についての記事がかかれていた。記事によれば、アメリカに接収された秋水がカリフォルニアのバーバンク飛行場で試験飛行を行ない十五分間の飛行に成功していた。年は不明だが七月二十二日となっている。夫人に切り抜きについて尋ねたが、亡くなった元隊員の遺品の中にあったということ以外はわからなかった。詳しく調査するため切り抜きをお借りし帰途につき、さっそく廣瀬氏のインタビューを確認した。
「そういえば、アメリカは秋水を飛ばしたんです。あれは、まだ私が三ノ宮にいた頃ですから。そうです朝鮮戦争の始まる前、『科学画報』か『科学と模型』だったか名前は忘れまし

写真7　バーバンク飛行場での秋水（→p.107）

たが写真二枚とともに試験飛行についての解説が載っていた雑誌を古本屋でみました」
まったく接点のない二人から、おそらくは同じ事象についての話に、ある種奇縁のようなものを感じながらも、映像資料の完成予定日を勘案すると盛り込めるコンセプトではないことも明らかであった。また次の機会のためにと、継続事項することとし、一時調査を中断するしかなかった。

調査再開　謎の人物　「サン・アクメ」

今回、この本の企画により思いのほか、再調査の機会は早く訪れた。新年とともに調査を開始するにあたって、まずキーワードの整理を行なった。

すべては「アメリカは接収した秋水の試験飛行を行なった」ことを前提とした。

①いつ？　昭和二十一年から昭和二十四年までの七月二十二日
②どこで？　カリフォルニア州バーバンク飛行場
③だれが？　アメリカ軍
④なにを？　接収した秋水
⑤どうした？　試験のため飛行させた
⑥どこに？　『科学画報』か『科学と模型』

以上が調査の前提となるキーワードだった。これらについて調査を進めていけば、必ずい

くつかのキーワードが有機的に結びつき、ある日ある所であったはずの事実に辿り着くという予感がした。しかし、それは筆者の甘い想像でしかなかったのだが。

①の「いつ試験飛行が行われたのか」については秋水の接収の流れとともに調査が進められた。秋水がアメリカに渡ったのは昭和二十年十一月だから翌二十一年の七月以降ということは間違いない。つぎに廣瀬氏の記憶による「朝鮮戦争前」とすると開戦が昭和二十五年六月であることから、昭和二十四年七月までの四年間ということになる。また、切り抜きを保存していた元隊員は終戦後一、二年の間は東京にいたがその後、故郷へ戻って結婚している。夫人の話によれば書籍流通の問題もあり、件の切り抜きの雑誌を購入できるようなところではなかったとのことから、おそらく昭和二十一年から二十二年にかけて東京で購入したものと思われた。切り抜きには、もう一つ重大なキーワードがあった。それはこの記事が署名記事であることを示す文末の「サン アクメ」という署名であった。しかし結果として取材は最後までこの「サン アクメ」に翻弄され続けてしまった。

②の「どこで飛んだか」は、はっきりしていた。カリフォルニアのバーバンク飛行場だ。現在、ボブホープ飛行場と改名されているがカリフォルニアのバーバンク市にある。一時的に航空機メーカーのロッキード社が所有しロッキード飛行場と呼ばれた時期もあった。

③と④は関連するので同時に調査が進められていった。この頃より調査事項に有機的結合が見られるようになってきた。接収された秋水の内一機が、オハイオ州ライトパターソンのライトフィールド陸軍基地に運ばれたことはすでに記した。このライトフィールド基地と②のロッキード社およびロッキード飛行場には少なからぬ関係があることが判明した。大戦中、ロッキード社はP-38ライトニングの試作、試験飛行をライトフィールド基地で行なっていた。後にはライトフィールドからバーバンクまでの試験飛行も行なっている。秋水の調査、試験が軍民共同で行なわれたか、軍の調査の後に民間が引き継いだとすると、ライトフィールドにあった秋水をバーバンクに運び、試験飛行を行なうことに無理はない。さらに、バーバンクのロッキード社は後にロックウェルという宇宙ロケットの開発会社になっている。秋水に少なからぬ興味を抱いていたはずだ。各国の軍と軍需産業の関係をみても、当然ありえることだと思われた。

⑤の「試験のため飛行させた」に関しては、調査開始以来ずっと何かがのどにひっかかっているような感じがしていた。朝鮮戦争前といえばまだ日本は占領期で、ある程度情報も統制され、もちろん検閲も行なわれていた。そんな時期にアメリカの軍事情報を入手し記事にできた「サン アクメ」記者とは一体どのような人物なのだろうか。本筋からの逸脱感を拭いきれぬまま、調査は「サン アクメ」にまで及んでいった。通常、署名記事等で「サン アクメ」と書けば「外電サンのアクメ記者より」または「サン紙のアクメ記者より」という意味だ。外電＝外国通信社にサンという通信社はないので、残るは「サン紙」ということになる。「サン」、あまりにも一般的すぎて聞いたことがあるようだがはっきりしない。追い詰めつつあるターゲットは急速にその姿がぼやけていった。

行き詰まりを感じた⑤の取材は少し時間を置くこととし、『科学画報』『科学と模型』の調査を開始した。『科学と模型』は戦前から続く子供向けの科学雑誌であった。鉄道模型をメインにした雑誌で、戦前の発行元であった朝日屋は大阪の玩具・教材メーカーでもあったが、B-29の大阪空襲によりすべてが燃えてしまった。戦後は物不足から粗悪な紙であったが『科学と模型』をいち早く復刊した。昭和五十年には社名を朝日エンジニアリングと変更し、遊園地用に子供用の乗り物等を製

作している。電話取材に出ていただいた社長の佐原十朗氏に『科学と模型』のバックナンバー所在確認と閲覧をお願いしたが、残念ながらすべて手許にないとのことであった。その後、別ルートで蒐集家を探していたところ、神田の鉄道模型店の店主が何冊か所持しており閲覧させてくれるという。早速、神田の裏通り古びたビルの狭い階段をあがった模型店にうかがった。

はじめて手にする『科学と模型』の原物、やはり粗悪な紙で今にも破れそうだが頁を繰る手に力が入る。

「ないと思いますよ」

印刷会社の経営と掛け持ちで日本では唯一の三線式鉄道模型の店を運営する店主は柔和な面持ちで筆者に声をかけた。

「その本は鉄道が中心ですから、ロケットの記事を見開き二頁で、しかも写真付きとは紙質からも無理でしょう」

店主の分析は正確で、まったくの同意見だった。後ろ髪を引かれる思いであったが、礼を言って店を辞した。残された手がかりは『科学画報』となった。『科学画報』の出版元は『子供の科学』『天文ガイド』などを発行している誠文堂新光社だった。すでに『科学画報』は絶版だが、現在も活躍している出版社なのでバックナンバーの閲覧には期待が持てた。閲覧を申し込んだところ、返ってきたのは意外にも期待を裏切る言葉だった。新社屋に移転した際、バックナンバーの古いものはダンボールにいれて地下倉庫に保管してしまったため、その中から目的の物を探し出すのは不可能であるとのことであった。粘ってみたものの、回答は変わらなかった。このルートも暗礁に乗り上げてしまった。秋水とロッキード社という新たなつながりを発見したものの、アメリカで秋水が飛んだという事実を証明するものはまだ何ひとつ手にしていなかった。

戦線の立て直しが必要であった。再びキーワードを整理する。

①ロッキード社もしくはロックウェル社のアーカイブ
②「サン アクメ」
③『科学画報』

手許に残されたカードはわずかになった。ロックウェル社は現在宇宙関係から撤退していることもあり、調査は不可能であった。ロッキード社は合併をして現在はロッキード・マーチン社と社名が変わっていたが、こちらには三菱重工経由のルートがあった。民間航空機などを通じた業務提携が行なわれていたからだ。早速、いつもお世話になっている三菱重工名古屋航空宇宙システム製作所小牧南工場史料室の岡野室長にお願いし、ロッキード・マーチン社の広報担当者を紹介していただいた。担当者もこちらの意図をよく理解していただき、本社に掛け合ってくれた。待つこと二週間、アメリカ本社から返ってきた回答は大変誠実だが残念なものであった。同社の航空機に関する調査資料ならば当然保管しているが、旧敵国の接収機体である秋水を同社が調査したという資料はそれ自体が存在したかどうかも、今ではわからないというものであった。これで、ロッキード社へのルートも断たれ調査は完全に行き詰まりをみせた。

再び「サン アクメ」に対する調査をやり直さなければならなかった。

問題はサン紙とは何処の新聞社であるかであった。アメリカであることは間違いない。

アメリカの全国紙は『USA Today』のみで他に有名なもので『ニューヨークタイムス』と『ワシントンポスト』などがある。「サン」はどう考えても地方紙だろう。ここで、ふと閃いた。地方紙が扱うのはローカルな話題だ。話題の発信地はカリフォルニア州バーバンク飛行場。ならば、「サン」もカリフォルニアの地方紙なのだろうか。後は連想ゲームだ。

「サン」＝「日」

「カリフォルニア」＝「日系人が多い都市」
「サン」＝「日系紙？」。
　答えは「カリフォルニアの日系紙デイリーサン」とでた。
　相手は地球の裏側だ。日本時間の深夜に国際電話をかけ、昭和二十一年から二十四年のバックナンバーの有無を問い合わせた。電話に出た女性は初め英語であったが、こちらが日本語で話し始めるとすぐに日本語に切り替えてくれた。ありがたい、取材意図がそれだけで正確に伝わるからだ。しかし、こちらの説明に彼女は不審そうだった。
「何かの間違いかと思います。うちの新聞は創刊してまだ三十年くらいですから」
　彼女の答えにうろたえながら、しかしこちらには間違いなく「サン」とかかれた記事の切り抜きがあることをくり返し伝えた。
「では、羅府新報社に問い合わせたらいかがでしょうか。あちらは、創刊百年近くたっていますから」
　調べると同じカリフォルニアにある日系紙の老舗『羅府新報社』は、確かに創刊百年近くたっていた。太平洋戦争中、日系人が強制収容された時期に休刊したが、戦後すぐに地下室に隠していた印刷機を使って復刊したという反骨精神あふれる新聞社であった。
　再び深夜の国際電話をかける。今度は男性編集者がでた。突然、地球の裏側からかかってきた祖父母の国からの取材に驚きながらもマイクロフィルムになっているバックナンバーをあたってくれることとなった。詳細を電子メールで送り、後は祈るばかりであった。一ヶ月後ついに彼からの返信がきた。タイトルは「秋水の記事発見」、昭和二十一年七月二十四日付けの『羅府新報』をスキャニングしたデータが添付されていた。
「日本の飛行機みせます　ゼット型の秋水號
　終戦直前、日本で製作せられたゼット型飛行機「秋水號」を近々の中に当地のロッキード飛行場で一般の観覧に供することになっている。「秋水號」は終戦のため実戦に参加した記録は無いが水素ボーキサイトおよびアルコールを燃料とするもので僅かに十五分の航続力しかない」
　ようやく、遠い大平洋の向こう側に秋水の痕跡を見つけることができた。手許にある切り抜きの記事と『羅府新報』の記事には同じ情報ソースから得たとおもわせる記述が見られた。次の課題はこの新聞記事を見て、実際にロッキード飛行場で秋水をみた人間を探すことであった。さらにできればその時取られた写真を探すことであった。ここでも羅府新報社に一役かってもらった。「探し人」のコーナーに前記の捜索内容を掲載してもらった。二週間ほど毎日同じ内容を載せたが、反応はなかった。勘違いから出たラッキーなヒットであったが、調査もこれが限界であった。数ヶ月カリフォルニアに腰を据える覚悟でなければ、調査の進展は望めなかったからだ。
「サン　アクメ」が「サン紙のアクメ記者」でないことははっきりした。数ヶ月の追跡取材の結果、「サン　アクメ」が「サン・アクメ」というペンネームで終戦直後から十数年間、風俗雑誌や少年科学雑誌などに写真記事等を提供するライターであったことが分かってきた。彼の記事を調べていくと占領下の日本でアメリカの軍事情報等を入手できる特別なルートを持っていたようである。また旧日本軍の機密情報と思われるものにも触れることができた人物であったとおもわれる。彼の記事を追いかけていく内に辿り着いたのが『プランゲ文庫』の『科学画報』であった。最後の調査は再び「サン・アクメ」が書いたとおもわれる『科学画報』の記事を探すことになった。
　国内で最大の蔵書数をもち、あらゆる調査の基本となるのが国会図書館の資料である。しかし、献本制度がはじまり資料が充実してくるのは独立後のことである。終戦後から雨後の竹の子のように大量に出版された多くの

写真8　秋水の記事の載った『羅府新報』（→p.107）

写真9　掲載記事の拡大部（→p.107）

雑誌を調べる手段は、ほとんどなかった。ところが占領という特殊事情が奇跡を生み出していた。それはあらゆる出版物に対するGHQの検閲だった。そして、その検閲故、現在我々は占領期の膨大な出版物を『プランゲ文庫』として目にすることができる。

『プランゲ文庫』は、GHQ民間検閲局歴史部長だったメリーランド大学歴史学教授ゴードン・W・プランゲ博士（1910－1980）が、日本占領時に検閲を目的として収集した資料を占領後すべて本国に持ち帰ったもので、現在は博士の希望通りメリーランド大学に寄贈され、同大学のマッケルディン図書館に収蔵されている資料群のことである。そして、1979年には、プランゲ博士の功労を称えて、『プランゲ文庫』と命名された。『プランゲ文庫』には、日本占領時、とくに昭和二十年から二十四年にかけて発行されたすべての図書・雑誌・パンフレット・新聞出版物や検閲文書・公的通信文書・ポスター等が収蔵されている。アメリカ人の文化保存に対する思いには脱帽せざるを得ない。現在多くのプランゲ文庫の所蔵品がマイクロフィッシュにされ、国会図書館で見ることができる。昭和二十年から二十四年にかけての『科学画報』および『サン・アクメ』の書いたものすべてをマイクロフィッシュで調べた。日々、国会図書館憲政資料室に通い続けた。秋水に関する記事、「サン・アクメ」が書いたロケット戦闘機に関する記事を発見することはできたが、ついに「秋水アメリカで試験飛行」という記事は発見できなかった。

「秋水はアメリカで飛んだ」ことを証明する調査はすべてが終わった。もはや、手許にあるカードはない。昭和二十一年七月、確かにカリフォルニア州バーバンクに秋水がやってきたことは突き止めたが、それが飛んだことを証明するものはついに発見できなかった。このバーバンクに来た秋水がその後ハリウッドでも展示され、最後にはエド・マロニー氏の手に渡った「三菱製403号機」であることもほぼ間違いないだろう。追い詰めながらも、ついには突き止めることができなかったという悔しさが残った。

　今回、結論のでていない調査報告を掲載するに当たり、ずい分と悩むところもあったが、今後の「秋水」研究の一助になればとあえて掲載に踏み切った次第である。　　■

◎ あとがき

　終戦間際、B-29邀撃という全軍の期待を担った有人ロケット秋水は一度きりの試験飛行を最後に「夏の幻」のように消え去っていった。テストパイロットをはじめ関係者は多くを語ることなく、それぞれの思いを胸に戦後を生き抜いてきた。軍事技術であった戦前のロケット研究・開発の歴史は封印され、平和利用をかかげた科学者の研究だけが「国産ロケットの歴史」として今日に至るまで位置付けられてきた。
「戦争末期にドイツから潜水艦で持ってきた設計図をもとに、一年間でコピーを完成させたが終戦直前、試験飛行で墜落した」
　秋水に対する評価もおおかたこのようなものであった。この評価は完全な間違いとは言い切れないが、正確さに欠け、また情報量も足りているとはいえない。ジェットエンジンとは対称的に、ロケット開発の分野では戦前の技術の継承は行なわれず、戦前とはまったく異なるものとして発展してきた。「ゼロ」からやり直したといえば分かりやすいだろう。しかし、世界初の公式音速突破機ベルXS-1（非公式には秋水の原形機Me163Bが初の超音速機といわれている）はジェット機ではなく構造上も秋水によく似たロケット機であり、まさに秋水と同じ「虎の尾」と呼ばれた衝撃波を噴射しながら飛行する写真が有名である。また1969年7月、アポロ11号の月着陸船イーグルは秋水と同様の薬液ロケットエンジン、アポジモーターを使って月への離着陸を成功させている。秋水のテストパイロットたちが体験した低圧タンクでの高高度飛行実験・訓練は戦後アメリカの民間航空機が高度1万mを飛行するために行なわれた緊急減圧実験、つまり高高度で急減圧が起きた場合、いかに乗員・乗客を守るかを調査するために行なわれた実験とまったく同じであり、被験者たちは生命の危険と引き換えに英雄として尊敬されている。さらにスペースシャトルは、その形状がどことなく秋水に似ており、燃料を使い切った後はグライダーとなって帰還する運用法も秋水との共通点があり、感慨深いものを感じた秋水の関係者も多かったようだ。
「パイオニアといっては、言い過ぎですが。ロケットに関して先駆的な働きしたのではないかと思っています」
　元秋水隊の松本俊三郎氏は当時を回想して、こう語った。「人が乗って還ってくる」国産の有人ロケットに乗るための訓練を受けたのは、六十年前の隊長・分隊長を初めとする彼ら「秋水隊」の十八人だけである。いつの日か、国産有人ロケットに乗ったクルーが無事に還ってくる日まで、かつて彼らの先達がいたことを語り継いでいかなければと考えている。
　平成十七年六月十二日、元横須賀海軍第三一二航空隊「秋水隊」海軍中尉、高田幸雄氏の訃報が届いた。戦後はビッグバンドでの音楽活動やクラッシクカークラブ「日野コンテッサクラブ」での名誉会長、『神風になれなかった男達』の刊行、会報『秋水』の編集など多岐、多才な御活躍をされ、その優しさ人望の厚さ故、多くの人が高田氏の周りに集まった。「秋水」調査では六年の永きに渡り、素人同然の筆者に海軍・航空の基礎的なことから教えていただいた。御恩ははかり知れず、この写真史を御覧いただけなかったことを御霊前にただただお詫びした。御戒名は「大空院幸誉雄飛居士」。十数年前、高田氏に望まれて三角秀敏氏が送っていたものだ。たいそう大事に机のなかにしまっていたことを御遺族が憶えておいでであったと聞いた。あらためて、友情の厚さを感じた。御葬儀はあいにくの雨のな

か行なわれたが、どこからか
「なぁに、秋水だったらすぐに雲の上ですよ」
と優しさとユーモアにあふれたいつもの声が聞こえてくるようであった。

　出版にあたり「秋水会」鈴木晴利氏、松本俊三郎氏、三角秀敏氏には当初より多くのことを御教示いただき厚く御礼申し上げます。また、多くの貴重な写真、資料を御提供いただきました秋水関係者の皆様にも厚く御礼申し上げます。
　担当編集者の佐藤理氏には企画の段階より、毎回深夜に及ぶ打ち合わせにおつき合いいただき、また切りのない調査・取材にも忍耐強く原稿の上がりをお待ちいただいたこと厚く御礼申し上げます。小林達哉氏、相馬和弘氏、徳永篤朗氏、山寺信幹氏には「秋水」が企画として成立するため尽力していただき深く感謝いたしております。最後に家人としての務めをすべて放擲し、取材に走り回ることを許してくれた家族に深く感謝したい。

柴田一哉

◎ 参考文献・資料

渡辺洋二　著	異端の空より「秋水一閃」	文春文庫
渡辺洋二　著	未知の剣	文春文庫
新延　明・佐藤仁志　著	消えた潜水艦イ52	NHK出版
野原　茂　著	「秋水」と日本陸海軍ジェット・ロケット機	モデルアート
藤平右近　編	機密兵器の全貌　上・下	原書房
岡村　純　編	航空技術の全貌	原書房
海空会　編	海鷲の航跡	原書房
碇　義朗　著	海軍空技廠　上・下	光人社
高田幸雄　著	-ロケットファイター秋水隊-	
	神風になりそこなった男達	国書刊行会
松本豊次　著	最後の局戦「秋水」は大空に在りや	光人社
ウルフガング・シュペーテ　著高橋明彦　訳		
	ドイツのロケット彗星	大日本絵画
	エアロディテール10　Me163&He162	大日本絵画
横山孝男・廣田光弘・柚山幸介	「秋水」の生い立ち	金属　1995 Vol.65
ウィリアム・グリーン　著北畠卓　訳		
	ロケット戦闘機	サンケイ新聞
内藤初穂　著	桜花	文芸春秋
持田勇吉　著	往時茫々より	菱光会
牧野育雄　著	日本唯一のロケット戦闘機「秋水」始末記	内燃機関1995　Vol.34
小野英夫	軍都柏からの報告	私刊本
廣瀬行二	小野英夫氏の質問への回答	1992年
豊岡隆憲	ロケット戦闘機「秋水」にあつく燃えた夏	「丸」潮書房
Phil Butler	War Prizes	Voyageur Pr
Edward Maloney	Messerschmitt 163	Aero Publishers
	科学と模型	朝日屋出版部
	科学画報	誠文堂新光社
	P-38ライトニング	文林堂
	「秋水」各号	秋水会
	German-Japanese Air-Technical Documents: Preliminary List of Microfilms in Custody of the Library of Congress、Japanese Section	国会図書館
	プランゲ文庫各雑誌	国会図書館
中村　武　所蔵	秋水油圧関係書類	三菱重工
	特呂二号設計図面	三菱重工
	J8M1設計図面	三菱重工

■著者略歴
柴田一哉（しばた・かずや）

1961年、東京にて出生。
高崎市立高崎経済大学経済学部経済学科卒。
在学中「映画研究会」に所属、8mm映画製作。
出版社、映像プロダクション勤務後、フリー。
2001年、「有限会社 西東京ITサービス」設立に参加。
現在、同社プロデューサー。

Rocket Fighter Shusui　kazuya shibata

有人ロケット戦闘機　秋水
海軍第312航空隊秋水隊写真史

2005年8月31日　初版第一刷

著者	柴田一哉
発行者	小川光二
発行所	株式会社大日本絵画
	〒101-0054　東京都千代田区神田錦町1-7
	電話：03-3294-7861（代表）
	Fax：03-3294-7865
	http://www.kaiga.co.jp
企画・編集	株式会社アートボックス
	電話：03-3294-7861
	http://www.modelkasten.com/
編集担当	佐藤 理
英訳	スコット・ハーズ
装幀	寺山祐策
デザイン	八木八重子
印刷・製本	大日本印刷株式会社

ISBN4-499-22889-1 C0076

◎本書に掲載された記事、図版、写真等の無断転載を禁じます。
©2005 柴田一哉／大日本絵画